大数据技术与应用丛书

Spark 项目实战

（第2版）

黑马程序员　编著

清華大学出版社
北　京

内 容 简 介

本书以电商网站中的用户行为数据作为数据源，系统地介绍了如何使用 Spark 生态系统进行大数据离线分析和实时分析的方法。全书共 7 章，分别讲解了项目需求、项目架构、项目实现流程、大数据集群环境搭建、热门品类 Top10 分析、各区域热门商品 Top3 分析、网站转化率统计、广告点击流实时统计和使用 FineBI 实现数据可视化。

本书附有配套视频、教学 PPT、教学设计等资源，同时，为了帮助初学者更好地学习本书中的内容，还提供了在线答疑，欢迎读者关注。

本书适合作为高等教育本科和专科的数据科学与大数据技术及相关专业的教材，也适合数据分析、数据可视化等领域的从业者阅读。

图书在版编目（CIP）数据

Spark 项目实战 / 黑马程序员编著. -- 2 版.-- 北京：清华大学出版社，2025. 2.

（大数据技术与应用丛书）. -- ISBN 978-7-302-68494-7

Ⅰ. TP274

中国国家版本馆 CIP 数据核字第 2025HJ0725 号

责任编辑：袁勤勇
封面设计：杨玉兰
责任校对：韩天竹
责任印制：丛怀宇

出版发行：清华大学出版社

网　　址：https://www.tup.com.cn，https://www.wqxuetang.com
地　　址：北京清华大学学研大厦 A 座　　**邮　　编**：100084
社 总 机：010-83470000　　**邮　　购**：010-62786544
投稿与读者服务：010-62776969，c-service@tup.tsinghua.edu.cn
质量反馈：010-62772015，zhiliang@tup.tsinghua.edu.cn
课件下载：https://www.tup.com.cn，010-83470236

印 装 者：三河市铭诚印务有限公司
经　　销：全国新华书店
开　　本：185mm×260mm　　**印　　张**：10.5　　**字　　数**：252 千字
版　　次：2021 年 7 月第 1 版　2025 年 3 月第 2 版　　**印　　次**：2025 年 3 月第 1 次印刷
定　　价：39.00 元

产品编号：107701-01

前 言

党的二十大报告强调了“加快发展数字经济，促进数字经济和实体经济深度融合，打造具有国际竞争力的数字产业集群”的重要性。随着云时代的来临，移动互联网、电子商务、物联网以及社交媒体快速发展，全球的数据正在以几何级速度呈爆发性增长，大数据吸引了越来越多人的关注，现在数据已经成为与物质资产和人力资本同样重要的基础生产要素。然而，数据的价值不仅与数据的数量有关，更与数据的质量和分析有关。为了从海量的数据中提取有价值的信息，我们需要有效地收集、存储、处理和分析数据，以支持商业决策和社会发展。

本书基于第1版进行改版，优化原书内容，并进行以下调整。

- 将项目实现语言更换为Scala，更好地发挥Spark的优势；
- 调整了部分需求的实现方式，增强了教学的实用性；
- 调整了知识讲解的结构，更符合循序渐进的学习思路；
- 添加素质教育的内容，将素质教育的内容与专业知识有机结合。

本书以电商网站中的用户行为数据作为数据源，系统地介绍了如何使用Spark生态系统进行大数据离线分析和实时分析的方法，适合具备一定数据分析和大数据知识的读者学习。全书共7章内容，具体如下。

- 第1章旨在带领读者初步了解项目，包括项目需求、架构、开发流程等；
- 第2章详细介绍大数据集群环境的搭建；
- 第3章讲解使用Spark Core进行热门品类Top10分析的方法；
- 第4章讲解使用Spark Core进行各区域热门商品Top3分析的方法；
- 第5章讲解使用Spark SQL进行网站转化率统计的方法；
- 第6章讲解使用Structured Streaming进行广告点击流实时统计的方法；
- 第7章讲解如何将存储在HBase中的分析结果映射到Phoenix的表中，并通过FineBI实现数据可视化。

在实践过程中，读者可能会遇到各种问题，这是正常的。建议读者在遇到问题时，不要轻易放弃，而要积极思考，梳理思路，分析问题的原因和解决方案，并在问题解决后，总结经验教训，避免重复错误。

本书配套服务

为了提升您的学习或教学体验,我们精心为本书配备了丰富的数字化资源和服务,包括在线答疑、教学大纲、教学设计、教学 PPT、教学视频、测试题、源代码等。通过这些配套资源和服务,我们希望让您的学习或教学变得更加高效。请扫描下方二维码获取本书配套资源和服务。

致谢

本书的编写和整理工作由传智教育完成,全体参编人员在编写过程中付出了辛勤的劳动,除此之外还有很多试读人员参与了本书的试读工作并给出了宝贵的建议,在此一并表示由衷的感谢。

意见反馈

本书难免有不妥之处,欢迎读者提出宝贵意见。读者在阅读本书时,如发现任何问题或不认同之处,可以通过电子邮箱与编者联系。请发送电子邮件至 itcast_book@vip.sina.com。

传智教育黑马程序员

2025 年 1 月于北京

目录

第 1 章
项 目 概 述

学习目标

- 熟悉项目需求和目标，能够描述本项目要完成的功能以及要掌握的技能；
- 了解预备知识，能够描述实施本项目之前需要的预备技能；
- 掌握项目架构，能够描述本项目的实现流程；
- 了解开发环境和工具，能够描述本项目使用的开发环境和工具；
- 掌握项目开发流程，能够描述本项目的实施过程；
- 了解硬件要求，能够描述实施项目时所需的硬件资源。

近年来，电子商务行业蓬勃发展，电商网站成为商家与消费者之间交流与交易的重要平台。随着互联网技术的不断进步和普及，越来越多的人开始在电商网站上进行购物，这使得电商网站用户行为分析成为了一个备受关注的课题。

电商网站用户行为分析旨在深入了解用户在电商网站上的行为模式和偏好，为商家提供有针对性的营销策略和优化建议。通过分析用户的浏览、搜索、购买等行为数据，可以揭示用户的购物习惯、兴趣爱好、消费意向以及用户群体的共性特征，从而帮助商家更好地了解市场需求，优化产品和服务，提升用户体验，提高销售额和客户满意度。本书将通过一个电商网站用户行为分析项目，全面演示如何利用 Spark 对电商网站的用户行为数据进行分析。

1.1 项目需求和目标

大数据开发的首要任务是明确数据分析的需求，即从海量数据中提取出哪些结果。只有确定了数据分析的需求，开发人员才能根据需求对数据进行有效的处理，并利用大数据技术进行数据分析。本项目利用 Spark 生态系统实现以下需求。

- 热门品类 Top10 分析：研究电商网站中不同品类的排名情况，了解不同品类受欢迎的程度。
- 各区域热门商品 Top3 分析：研究电商网站中各区域不同商品的排名情况，了解各区域不同商品受欢迎的程度。
- 网站转化率统计：研究电商网站中用户浏览网站页面的情况，了解用户在访问一个页面后执行预期目标动作的概率。

- 广告点击流实时统计：研究电商网站中用户点击广告的情况，实时监控广告的投放效果。

通过本项目，能够培养读者以下几方面的能力。

- 掌握基于完全分布式模式部署 Hadoop 集群的方法；
- 掌握基于 Spark on YARN 模式部署 Spark 的方法；
- 掌握 ZooKeeper 集群的部署；
- 掌握 HBase 集群的部署和使用；
- 掌握 Kafka 集群的部署与使用；
- 掌握基于 Scala 语言开发 HBase 程序的方法；
- 掌握基于 Scala 语言开发 Spark 程序的方法；
- 掌握使用 Intellij IDEA 开发程序的方法；
- 熟悉 FineBI 的安装和使用；
- 熟悉 Phoenix 的部署和使用；
- 熟悉基于 HDFS Shell 操作 HDFS 文件系统的方法；
- 熟悉 Linux 操作系统的安装和使用；
- 了解电商网站中 Spark 的应用场景。

1.2 预备知识

项目实施前，掌握相关知识是必要的，因为它可以促进开发者有效地完成项目。这也说明了，在工作和学习中，预先准备是成功的关键。无论是做一个小任务，还是开展一个大项目，都需要在开始之前做好充分的准备，以便在实施过程中能够应对各种情况，达到预期的效果。

本项目是对大数据知识体系的综合实践，读者在进行项目开发前，应具备下列知识储备。

- 了解 Hadoop、Spark、HBase 和 ZooKeeper 等大数据相关技术的基本概念和原理；
- 熟悉 Linux 操作系统的概念，能够编写 Shell 命令；
- 掌握 Scala 编程语言的使用；
- 熟悉 Intellij IDEA 的使用；
- 掌握 Spark 的 Scala API 操作；
- 了解 HBase 的 Scala API 操作；
- 熟悉 SQL 语句的编写。

1.3 项目架构

本项目通过离线分析和实时分析两种方式实现不同需求，具体介绍如下。

1. 离线分析

本项目采用离线分析的方式对用户行为数据进行热门品类 Top10 分析、各区域热门商品 Top3 分析和网站转化率统计，其中热门品类 Top10 分析和各区域热门商品 Top3 分析通过 Spark 的组件 Spark Core 实现，而网站转化率统计则通过 Spark 的组件 Spark SQL 实现。关于本项目中离线分析的架构，如图 1-1 所示。

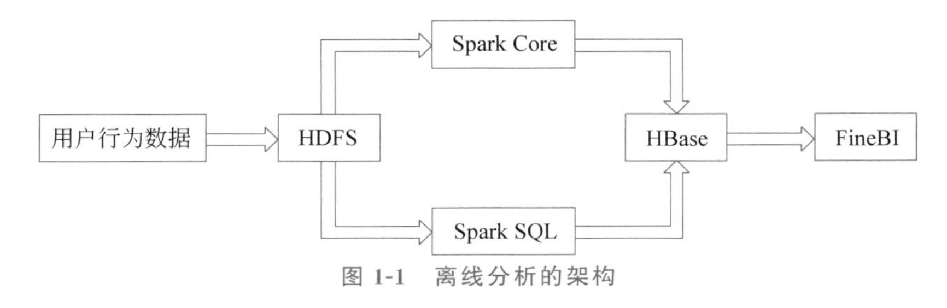

图 1-1　离线分析的架构

针对本项目中离线分析的实现流程，进行如下讲解。

(1) 将用户行为数据存储在 HDFS 中。

(2) 使用 Spark Core 编写 Spark 程序，从 HDFS 中读取用户行为数据进行热门品类 Top10 分析和各区域热门商品 Top3 分析，并将分析结果存储到 HBase 中。

(3) 使用 Spark SQL 编写 Spark 程序，从 HDFS 读取用户行为数据进行网站转化率统计，并将统计结果存储到 HBase 中。

(4) 通过 FineBI 对存储在 HBase 中的分析结果进行可视化处理。

2. 实时分析

本项目采用实时分析的方式对用户行为数据进行广告点击流实时统计，该统计通过 Spark 的组件 Structured Streaming 实现。关于本项目中实时分析的架构，如图 1-2 所示。

图 1-2　实时分析的架构

针对本项目中实时分析的实现流程，进行如下讲解。

(1) 利用 Kafka 传输用户行为数据。

(2) 使用 Structured Streaming 编写 Spark 程序，从 Kafka 中读取用户行为数据进行广告点击流实时统计，并将统计结果存储到 HBase 中。

(3) 通过 FineBI 对存储在 HBase 中的统计结果进行可视化处理。

1.4　开发环境和工具

在实施项目之前，熟悉项目的开发环境和工具对于读者来说至关重要。这样做有助于提高开发效率和质量，并避免在项目实施过程中出现软件兼容性问题。接下来，将对本项目所使用的开发环境和开发工具进行介绍。

1. 开发环境

本项目的开发环境包括 Windows 和 Linux 操作系统。Windows 操作系统主要用于创建虚拟机、编写 Spark 和 HBase 程序，以及实现数据可视化，而 Linux 操作系统主要用于部署大数据相关技术。本书所使用的 Windows 和 Linux 操作系统的版本如表 1-1 所示。

表 1-1 Windows 和 Linux 操作系统的版本

操作系统	版本
Windows	10
Linux	CentOS Stream 9

在表 1-1 中,Windows 操作系统的版本可以与本书不一致,但建议 Linux 操作系统的版本与本书保持一致。

2. 开发工具

本项目涉及的开发工具包括 Hadoop、Spark 和 JDK 等。本书所使用的这些开发工具的版本如表 1-2 所示。

表 1-2 开发工具的版本

开发工具	版本
JDK	1.8
Scala	2.12.15
Intellij IDEA	2021.2.3
VMware Workstation	16
Hadoop	3.3.0
Spark	3.3.0
Kafka	3.2.1
HBase	2.4.9
Phoenix	5.1.3
ZooKeeper	3.7.0
FineBI	6.0
SecureCRT	9.0

在表 1-2 中,除 Intellij IDEA 和 SecureCRT 这两个开发工具之外,建议其他开发工具的版本与本书保持一致。

1.5 项目开发流程

在实施项目之前,熟悉项目的开发流程有助于读者充分理解项目的实施过程,明确各个环节所需的资源和任务,以及可能遇到的风险和挑战。这样可以帮助读者更好地把握项目的整体情况,为项目的成功实施提供指导。本项目的开发流程如下。

1. 搭建大数据集群环境

搭建大数据集群环境的实现过程如下。

(1) 创建虚拟机。

(2) 安装 Linux 操作系统。

(3) 克隆虚拟机。

(4) 配置虚拟机。

(5) 安装 JDK。

(6) 部署 ZooKeeper 集群。

(7) 部署 Hadoop 集群。

(8) 部署 Spark。

(9) 部署 HBase 集群。

(10) 部署 Kafka 集群。

2. 热门品类 Top10 分析

热门品类 Top10 分析的实现过程如下。

(1) 读取用户行为数据。

(2) 统计不同品类的商品被查看、加入购物车和购买的次数。

(3) 获取各个品类的商品被查看、加入购物车和购买的次数。

(4) 合并同一品类的商品被查看、加入购物车和购买的次数。

(5) 按照不同品类的商品被查看、加入购物车和购买次数的顺序进行降序排序。

(6) 获取排序前 10 的品类并将结果存储到 HBase 的表中。

3. 各区域热门商品 Top3 分析

各区域热门商品 Top3 分析的实现过程如下。

(1) 读取用户行为数据。

(2) 获取用户行为类型为查看商品的数据。

(3) 统计各区域中不同商品被查看的次数。

(4) 根据区域名称进行分组。

(5) 根据每组数据中商品被查看次数的统计结果进行降序排序。

(6) 获取各区域排名前 3 的商品并将结果存储到 HBase 的表中。

4. 网站转化率统计

网站转化率统计的实现过程如下。

(1) 读取用户行为数据。

(2) 统计每个页面被访问的次数。

(3) 根据用户访问网站的时间对用户行为数据进行升序排序。

(4) 根据用户进行分组。

(5) 将用户访问的页面转换为单向跳转的形式。

(6) 统计不同页面之间单向跳转的次数。

(7) 计算网站转化率并将结果存储到 HBase 的表中。

5. 广告点击流实时统计

广告点击流实时统计的实现过程如下。

(1) 启动 Kafka 生产者向特定主题推送用户行为数据。

(2) 通过订阅主题读取用户行为数据。

(3) 从 HBase 的表中读取黑名单用户。

(4) 统计各用户点击广告的次数,并将指定时间范围内点击广告次数过高的用户动态添加到记录黑名单用户的表中。

(5) 过滤用户行为数据中的黑名单用户。

(6) 统计各城市中不同广告被点击的次数并将结果存储到 HBase 的表中。

6. 数据可视化

数据可视化的实现过程如下。

(1) 部署 Phoenix。

(2) 将 HBase 中表的数据映射到 Phoenix 的表中。

(3) 安装 FineBI。

(4) 使用 FineBI 实现热门品类 Top10 的可视化。

(5) 使用 FineBI 实现各区域热门商品 Top3 的可视化。

(6) 使用 FineBI 实现网站转化率的可视化。

(7) 使用 FineBI 实现广告点击流实时统计的可视化。

1.6 硬件要求

由于本项目使用的大数据集群环境基于完全分布式搭建,并且同时涉及集成开发工具 IntelliJ IDEA 和可视化工具 FineBI 的使用,因此需要占用计算机的硬件资源较多,这里建议实施本项目时使用的计算机应采用 6 核或以上的 CPU,并配备 16GB 或更多的内存。

1.7 本章小结

本章主要介绍了项目开发的基本信息。首先,讲解了项目需求和目标。接着,讲解了预备知识和项目架构。然后,讲解了开发环境和工具。最后,讲解了项目开发流程和硬件要求。通过本章学习,读者能够对项目有一个初步的认识,为后续顺利实施项目奠定基础。

第 2 章 搭建大数据集群环境

学习目标

- 了解基础环境搭建，能够在 VMware Workstation 中创建虚拟机；
- 熟悉 Linux 操作系统的安装过程，能够在虚拟机中安装 CentOS Stream 9；
- 了解虚拟机的克隆方式，能够使用完整克隆的方式创建新的虚拟机；
- 掌握虚拟机的配置，能够独立完成虚拟机的网络参数、主机名、SSH 远程登录等配置；
- 掌握 JDK 的安装，能够独立完成在 Linux 操作系统中安装 JDK 的操作；
- 掌握 ZooKeeper 集群的部署，能够独立完成部署 ZooKeeper 集群的相关操作；
- 掌握 Hadoop 集群的部署，能够独立完成基于完全分布式模式部署 Hadoop 集群的相关操作；
- 掌握 Spark 的部署，能够独立完成基于 Spark on YARN 模式部署 Spark 的相关操作；
- 掌握 HBase 集群的部署，能够独立完成基于完全分布式模式部署 HBase 集群的相关操作；
- 掌握 Kafka 集群的部署，能够独立完成部署 Kafka 集群的相关操作。

古人云："工欲善其事，必先利其器。"搭建大数据集群环境旨在为项目提供一个有利的工作环境，使读者能够集中精力完成任务，避免在琐碎的事务上浪费时间和精力。本章将详细介绍如何搭建大数据集群环境。

2.1 基础环境搭建

考虑到 Spark、Hadoop、Kafka 和 HBase 等大数据技术在企业中的实际应用场景，本项目将基于 Linux 操作系统搭建大数据集群环境。因此，基础环境搭建的主要任务包括 Linux 操作系统的安装和必要配置。本节将详细介绍基础环境搭建的过程。

2.1.1 创建虚拟机

在实际开发应用场景中，大数据集群环境的搭建需要涉及多台计算机来实现，这对于大多数想要学习大数据技术的人来说是难以实现的。为解决这一问题，我们采用

VMware Workstation 软件,在单一计算机上创建多个虚拟机,并在每个虚拟机中安装 Linux 操作系统,从而实现在单一计算机上搭建大数据集群环境。

使用 VMware Workstation 创建虚拟机的步骤具体如下。

(1) 打开 VMware Workstation,进入 VMware Workstation 主界面,如图 2-1 所示。

图 2-1　VMware Workstation 主界面

(2) 在图 2-1 所示界面中,单击“创建新的虚拟机”选项进入“欢迎使用新建虚拟机向导”界面。在该界面中选择配置类型为“自定义(高级)”,如图 2-2 所示。

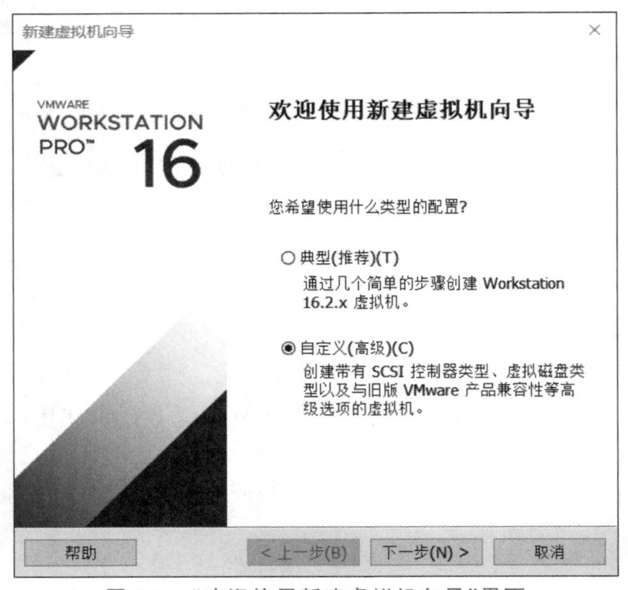

图 2-2　“欢迎使用新建虚拟机向导”界面

(3) 在图 2-2 所示界面中,单击“下一步”按钮进入“选择虚拟机硬件兼容性”界面。

在该界面中选择硬件兼容性为 Workstation 16.2.x，如图 2-3 所示。

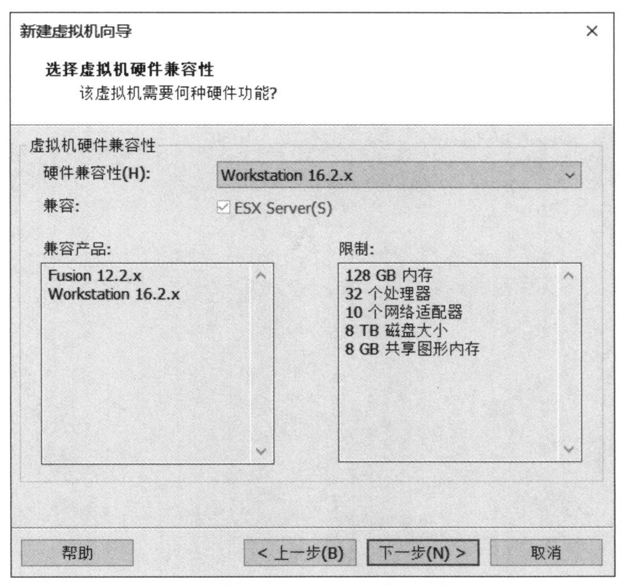

图 2-3　“选择虚拟机硬件兼容性”界面

（4）在图 2-3 所示界面中，单击“下一步”按钮进入“安装客户机操作系统”界面。在该界面中选择安装来源为“稍后安装操作系统”，如图 2-4 所示。

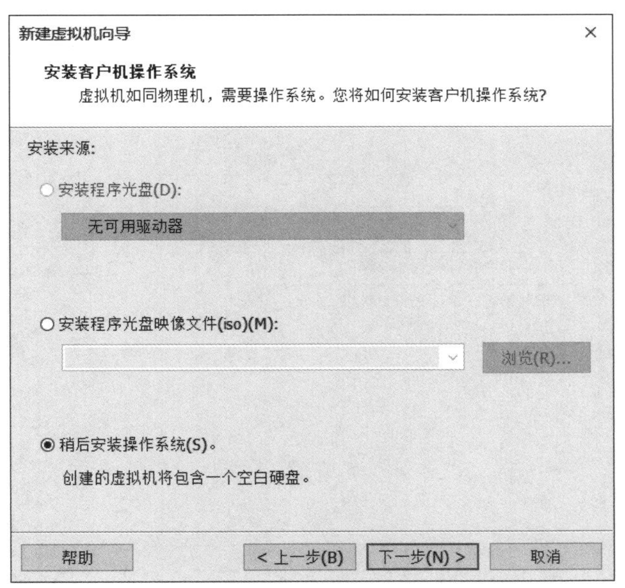

图 2-4　“安装客户机操作系统”界面

（5）在图 2-4 所示界面中，单击“下一步”按钮进入“选择客户机操作系统”界面。在该界面中选择客户机操作系统为 Linux，以及版本为“其他 Linux 5.x 内核 64 位”，如图 2-5 所示。

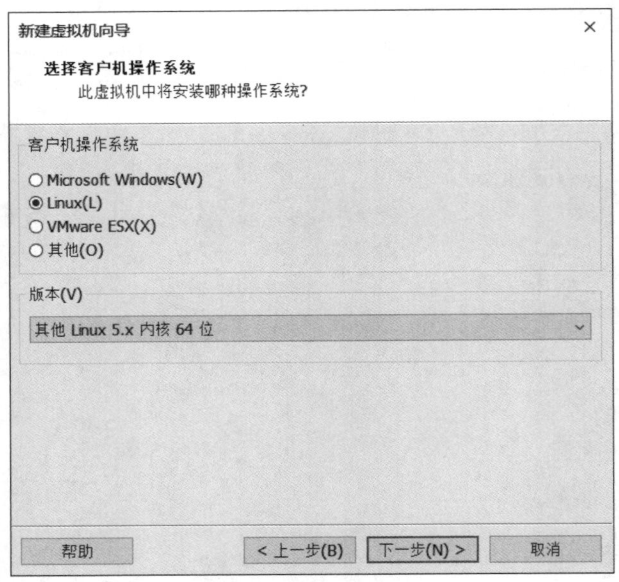

图 2-5　“选择客户机操作系统”界面

(6) 在图 2-5 所示界面中,单击“下一步”按钮进入“命名虚拟机”界面。在该界面中将虚拟机名称设置为 Spark01,并指定虚拟机在本地的存储位置为“D:\Virtual Machine\Spark\Spark01”,如图 2-6 所示。

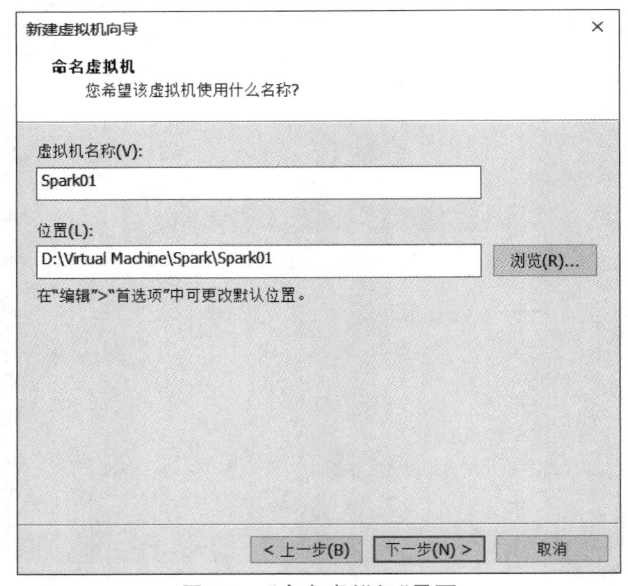

图 2-6　“命名虚拟机”界面

(7) 在图 2-6 所示界面中,单击“下一步”按钮进入“处理器配置”界面。在该界面中将处理器数量设置为 1,并且将每个处理器的内核数量设置为 2,如图 2-7 所示。

(8) 在图 2-7 所示界面中,单击“下一步”按钮进入“此虚拟机的内存”界面。在该界

新建虚拟机向导

处理器配置

为此虚拟机指定处理器数量。

处理器

处理器数量(P): 1

每个处理器的内核数量(C): 2

处理器内核总数: 2

帮助　< 上一步(B)　下一步(N) >　取消

图 2-7　"处理器配置"界面

面中将此虚拟机的内存设置为 4096MB。读者配置虚拟机内存时需要根据本地计算机的实际内存进行调整,但不建议单台虚拟机的内存低于 4096MB,如图 2-8 所示。

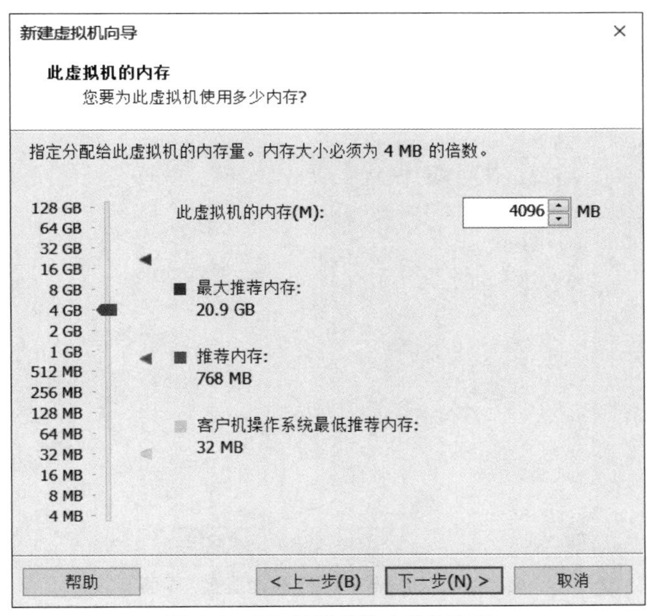

图 2-8　"此虚拟机的内存"界面

(9) 在图 2-8 所示界面中,单击"下一步"按钮进入"网络类型"界面,在该界面中选择网络连接为"使用网络地址转换(NAT)",如图 2-9 所示。

(10) 在图 2-9 所示界面中,单击"下一步"按钮,进入"选择 I/O 控制器类型"界面。

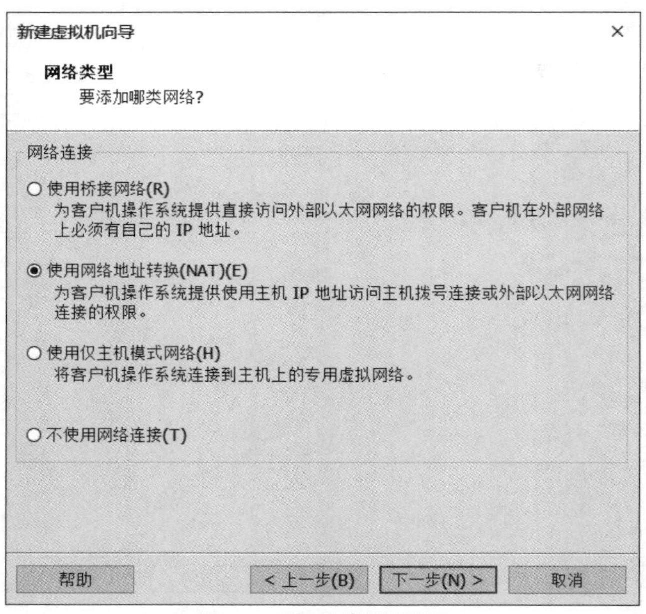

图 2-9 “网络类型”界面

在该界面中选择 I/O 控制器类型为 LSI Logic,如图 2-10 所示。

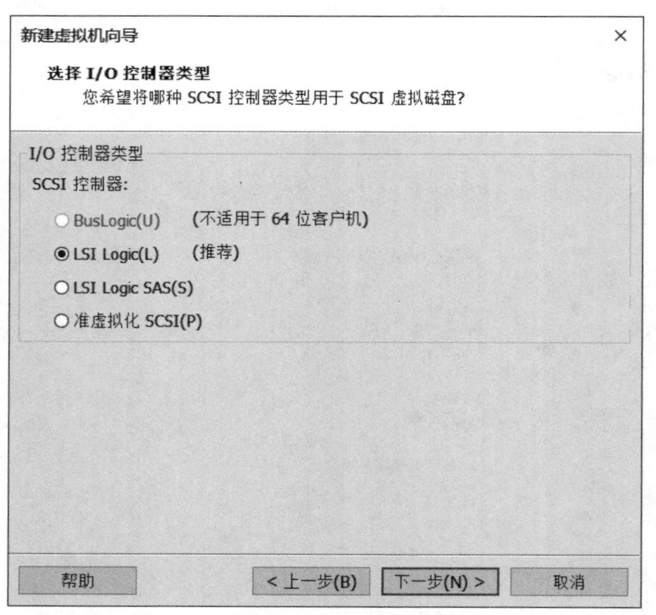

图 2-10 “选择 I/O 控制器类型”界面

(11) 在图 2-10 所示界面中,单击“下一步”按钮进入“选择磁盘类型”界面。在该界面中选择虚拟磁盘类型为 SCSI,如图 2-11 所示。

(12) 在图 2-11 所示界面中,单击“下一步”按钮进入“选择磁盘”界面。在该界面中选择磁盘为“创建新虚拟磁盘”,如图 2-12 所示。

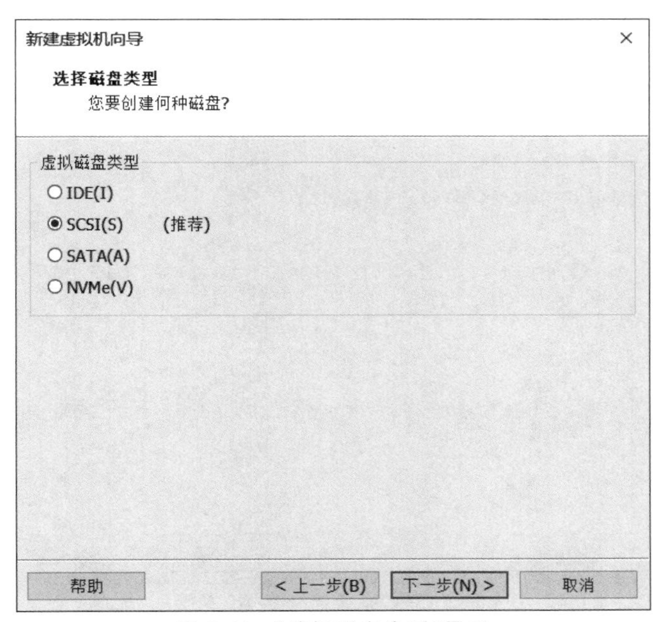

图 2-11　“选择磁盘类型”界面

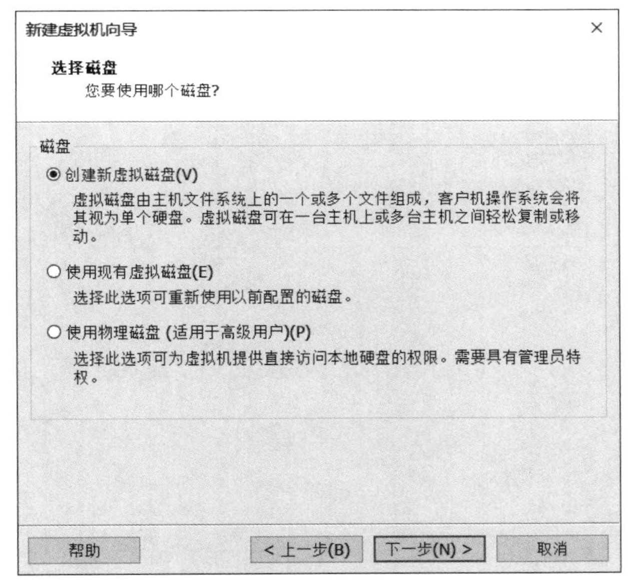

图 2-12　“选择磁盘”界面

(13) 在图 2-12 所示界面中，单击“下一步”按钮进入“指定磁盘容量”界面。在该界面中将最大磁盘大小设置为 20.0，并选择“将虚拟磁盘拆分成多个文件”单选项，如图 2-13 所示。

图 2-13 所示界面中设置的最大磁盘大小，并不会一次性占用计算机中 20GB 的磁盘空间，而是随着虚拟机的实际使用情况动态增长。

(14) 在图 2-13 所示界面中，单击“下一步”按钮进入“指定磁盘文件”界面，在该界面

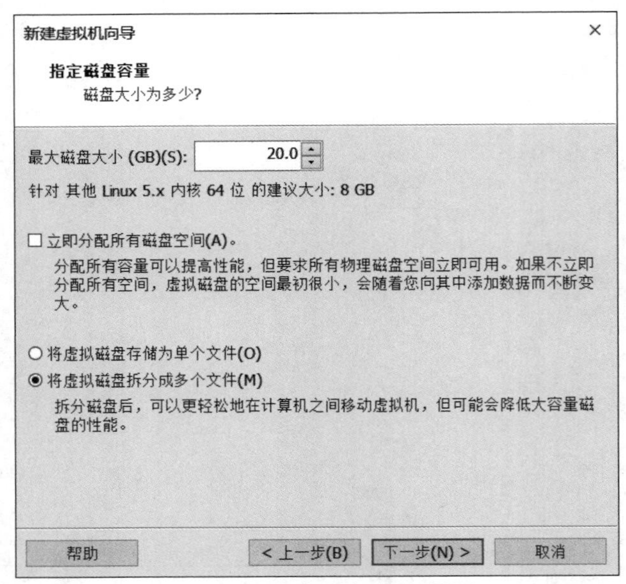

图 2-13 “指定磁盘容量”界面

中将磁盘文件设置为 Spark01.vmdk，如图 2-14 所示。

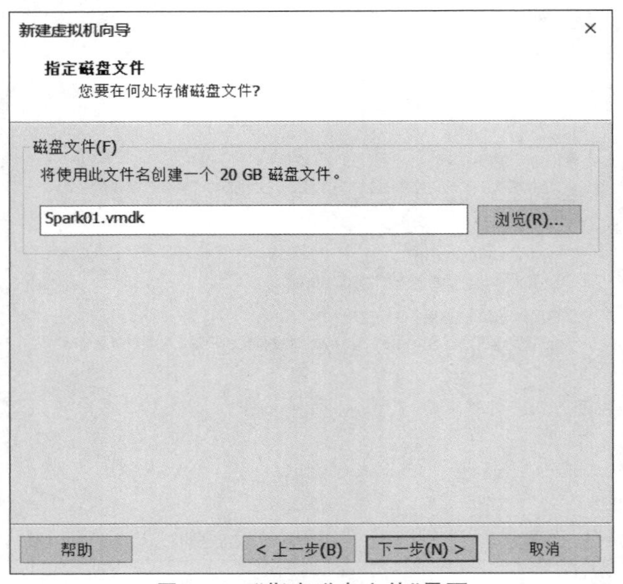

图 2-14 “指定磁盘文件”界面

(15) 在图 2-14 所示界面中，单击“下一步”按钮进入“已准备好创建虚拟机”界面。在该界面中可以查看虚拟机的相关配置参数，如图 2-15 所示。

(16) 在图 2-15 所示界面中，单击“完成”按钮创建虚拟机 Spark01。虚拟机 Spark01 创建完成后会进入到 Spark01 界面，在该界面中可以查看当前虚拟机的详细信息，如图 2-16 所示。

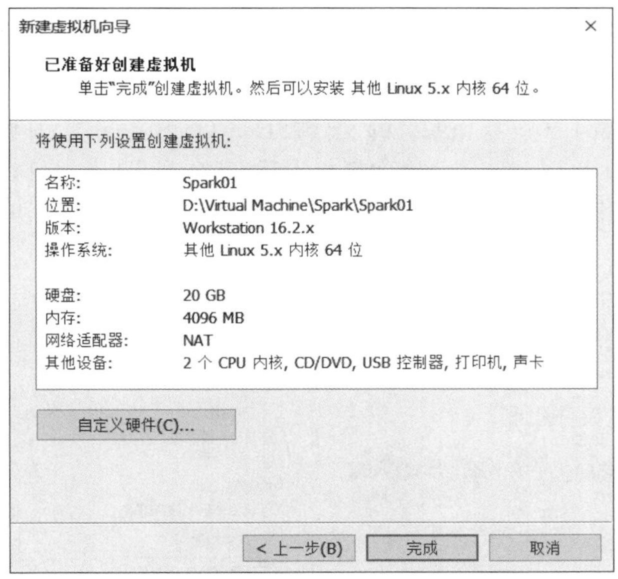

图 2-15 "已准备好创建虚拟机"界面

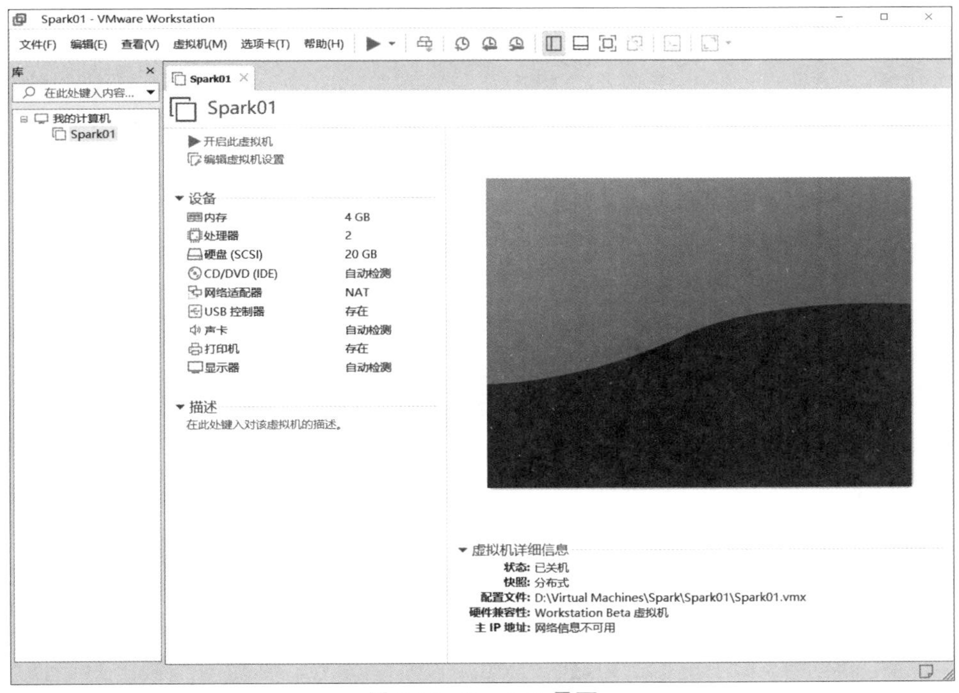

图 2-16 Spark01 界面

至此，我们便完成了虚拟机 Spark01 的创建。大数据集群环境中其他虚拟机的创建将通过后续讲解的克隆方式实现。

2.1.2 安装 Linux 操作系统

由于虚拟机 Spark01 尚未安装操作系统,所以暂时无法使用。接下来,我们需要在虚拟机 Spark01 上安装 Linux 操作系统的发行版 CentOS Stream 9,具体步骤如下。

(1) 在 Spark01 界面,单击"编辑虚拟机设置"选项弹出"虚拟机设置"对话框。在该对话框中选择"CD/DVD(IDE)"选项,并选择"使用 ISO 映像文件"单选按钮,如图 2-17 所示。

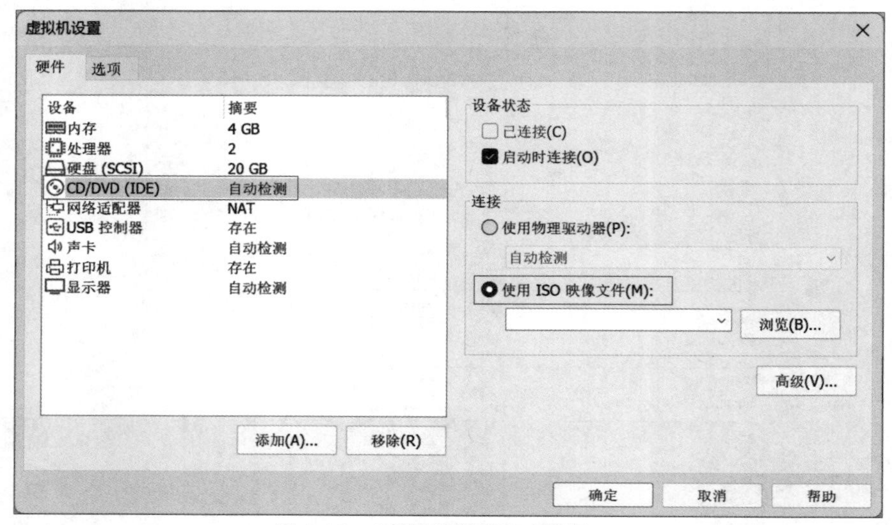

图 2-17 "虚拟机设置"对话框(1)

(2) 在图 2-17 所示界面中,单击"浏览"按钮选择本地存放 CentOS Stream 9 的 ISO 映像文件,如图 2-18 所示。

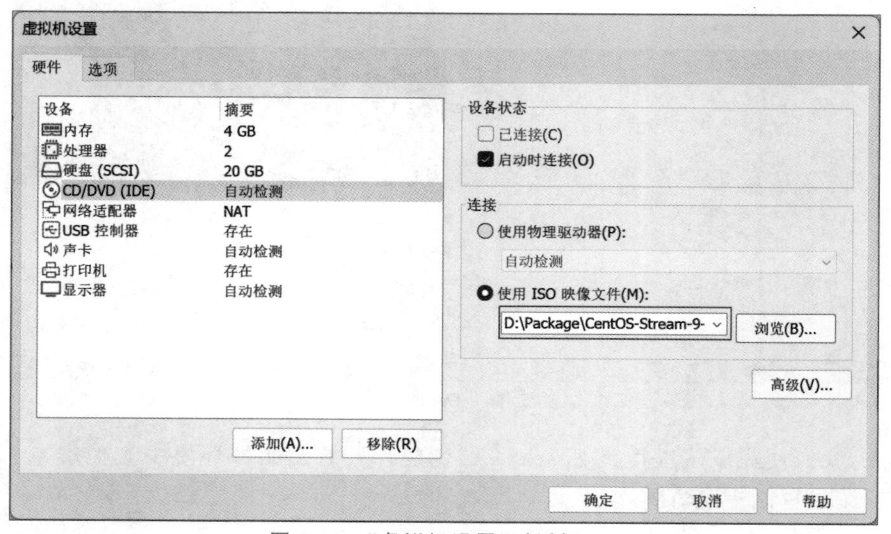

图 2-18 "虚拟机设置"对话框(2)

在图 2-18 所示界面中，单击“确定”按钮返回 Spark01 界面，此时虚拟机 Spark01 已经成功挂载 CentOS Stream 9 的 ISO 映像文件。

(3) 在 Spark01 界面中，单击“开启此虚拟机”按钮启动虚拟机 Spark01。由于虚拟机 Spark01 尚未安装操作系统，所以在首次启动时将加载挂载的 ISO 映像文件，并进入 CentOS Stream 9 的安装引导界面，如图 2-19 所示。

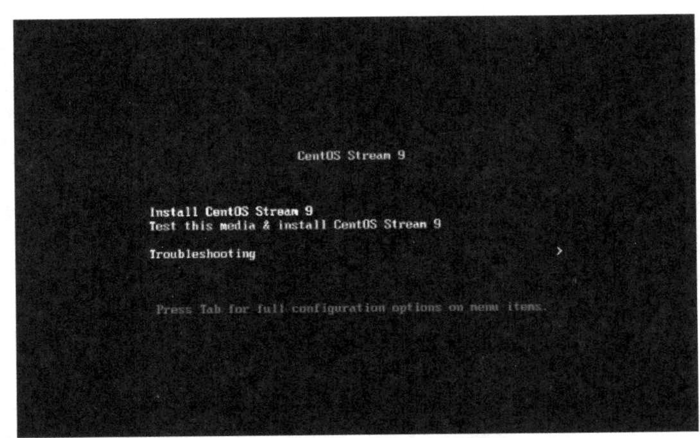

图 2-19　CentOS Stream 9 的安装引导界面

(4) 单击 CentOS Stream 9 的安装引导界面，当鼠标指针消失时，便可以操作虚拟机 Spark01。使用键盘的上、下方向键选择“Install CentOS Stream 9”选项。当选项的字体变为白色时，按下键盘的 Enter 键启动 CentOS Stream 9 的初始化过程。初始化完成后会进入“欢迎使用 CENTOS STREAM 9”界面。在该界面中选择 CentOS Stream 9 使用的语言为“简体中文(中国)”，如图 2-20 所示。

图 2-20　“欢迎使用 CENTOS STREAM 9”界面

(5) 在“欢迎使用 CENTOS STREAM 9”界面中，单击“继续”按钮进入“安装信息摘要”界面，如图 2-21 所示。

(6) 在图 2-21 所示界面中，单击“网络和主机名”选项进入“网络和主机名”界面。在该界面中首先确认以太网(ens33)是否开启，然后将主机名设置为 spark01，最后单击“应用”按钮使设置主机名的操作生效，如图 2-22 所示。

从图 2-22 中可以看出，当以太网(ens33)为开启状态时，VMware Workstation 将为当前虚拟机分配 IP 地址、默认路由和 DNS。

需要注意的是，由于不同计算机分配给 VMware Workstation 的网段存在差异，所以

图 2-21　安装信息摘要界面(1)

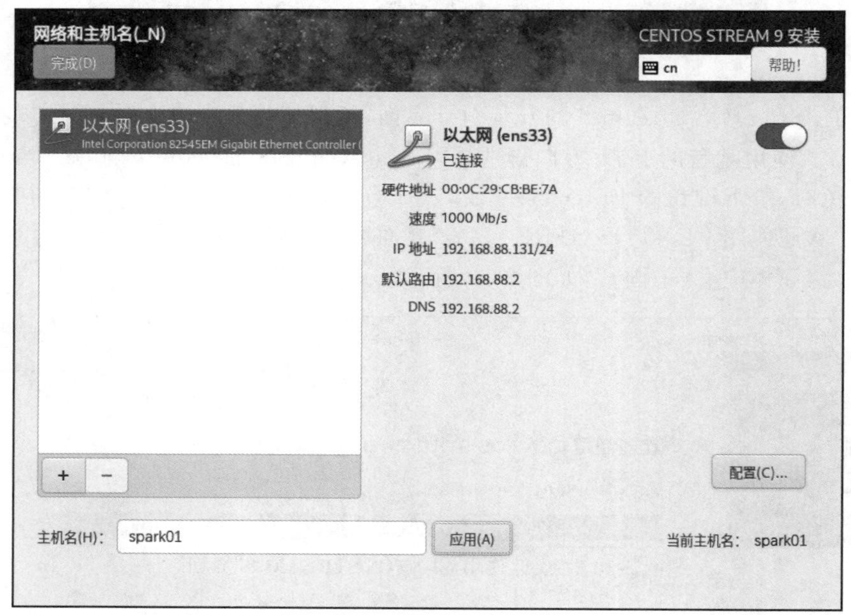

图 2-22　网络和主机名界面

VMware Workstation 为每台虚拟机分配的 IP 地址、默认路由等内容也会有所不同。

(7) 在图 2-22 所示界面中，单击“完成”按钮返回“安装信息摘要”界面。在该界面中单击“时间和日期”选项进入“时间和日期”界面配置时区，在该界面中确认“地区”和“城市”下拉框的内容是否分别为“亚洲”和“上海”，以及“网络时间”是否开启，如图 2-23 所示。

在图 2-23 所示界面中，当“网络时间”开启时，CENTOS STREAM 9 的系统时间将与网络时间保持同步。

(8) 在图 2-23 所示界面中，单击“完成”按钮返回“安装信息摘要”界面。在该界面中

图 2-23　“时间和日期”界面

单击“安装目的地”选项进入“安装目标位置”界面配置磁盘分区，在该界面中选择存储配置为自动，表示自动创建磁盘分区，如图 2-24 所示。

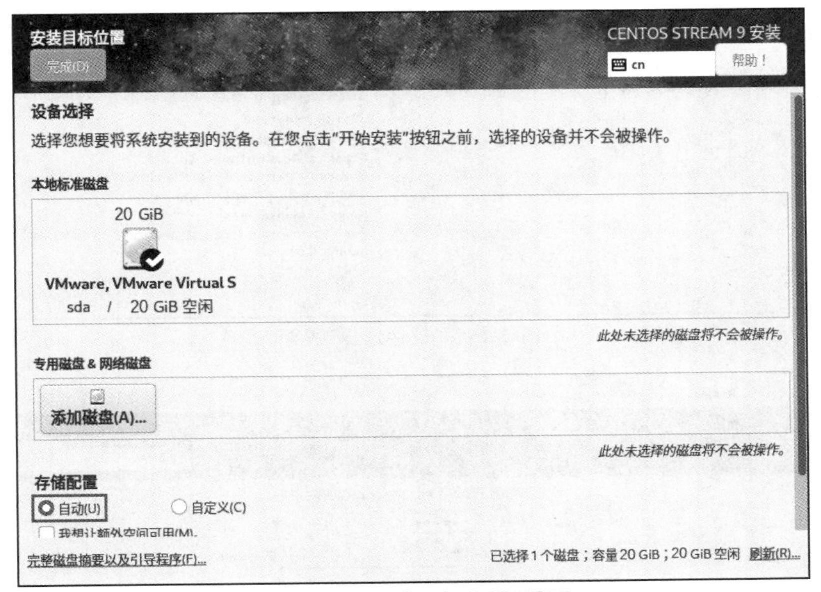

图 2-24　“安装目标位置”界面

(9) 在图 2-24 所示界面中，单击“完成”按钮返回“安装信息摘要”界面。在该界面中单击“软件选择”选项，进入“软件选择”界面配置 CentOS Stream 9 的环境。在该界面中选择 Minimal Install 单选按钮，表示最小化安装，如图 2-25 所示。

在图 2-25 所示界面中，当选择 Minimal Install 单选按钮时，CentOS Stream 9 将只安装最基础的功能模块。

(10) 在图 2-25 所示界面中，单击“完成”按钮返回“安装信息摘要”界面。在该界面中单击“root 密码”选项进入“ROOT 密码”界面配置用户 root 的密码。在该界面的“Root 密码”和“确认”输入框中都输入 123456，表示指定用户 root 的密码为 123456，如图 2-26 所示。

需要注意的是，由于设置用户 root 的密码过于简单，在图 2-26 的下方会出现“密码未通过字典检查-太简单或太有规律，必须按两次完成按钮进行确认”的提示信息。

(11) 在图 2-26 所示界面中，按照提示信息单击两次“完成”按钮返回“安装信息”摘要界面，如图 2-27 所示。

在图 2-27 所示界面中，确认“时间和日期”选项的内容包含“*亚洲/上海 时区*”。“软

软件选择
完成(D)
CENTOS STREAM 9 安装
cn
帮助！

基本环境
Server with GUI
An integrated, easy-to-manage server with a graphical interface.
Server
An integrated, easy-to-manage server.
Minimal Install
Basic functionality.
Workstation
Workstation is a user-friendly desktop system for laptops and PCs.
Custom Operating System
Basic building block for a custom RHEL system.
Virtualization Host
Minimal virtualization host.

已选环境的附加软件
Guest Agents
Agents used when running under a hypervisor.
Standard
The standard installation of Red Hat Enterprise Linux.
Legacy UNIX Compatibility
Compatibility programs for migration from or working with legacy UNIX environments.
Console Internet Tools
Console internet access tools, often used by administrators.
Container Management
Tools for managing Linux containers
Development Tools
A basic development environment.
.NET Development
Tools to develop and/or run .NET applications
Graphical Administration Tools
Graphical system administration tools for managing many aspects of a system.
Headless Management
Tools for managing the system without an attached graphical console.

图 2-25 “软件选择”界面

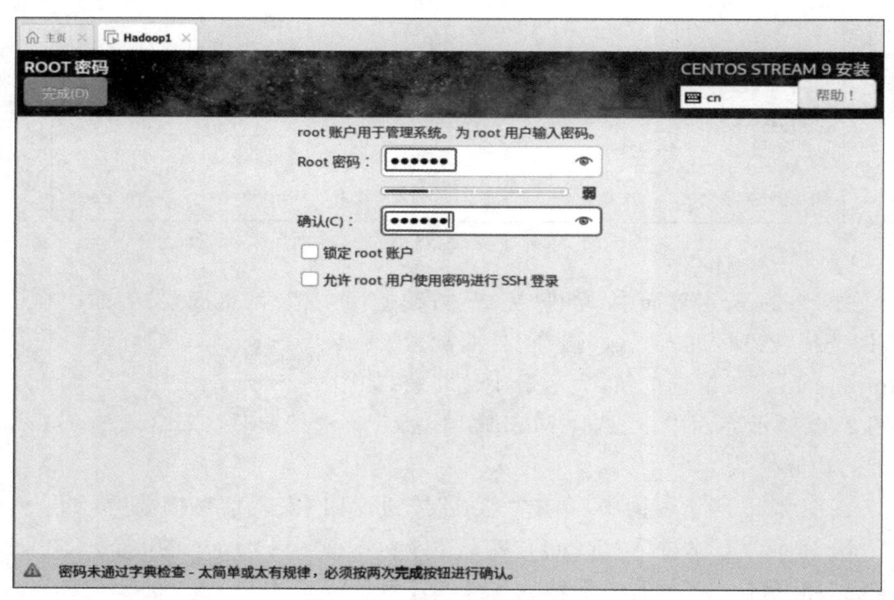

图 2-26 “ROOT 密码”界面

件选择”选项的内容包含“*Minimal Install*”。“安装目的地”选项的内容包含“*已选择自动分区*”。“网络和主机名”选项的内容包含“*有线(ens33)已连接*”。“root 密码”选项的内容包含“*已经设置 root 密码*”。

(12) 在图 2-27 所示界面中，单击“开始安装”按钮，进入“安装进度”界面安装 CentOS Stream 9，如图 2-28 所示。

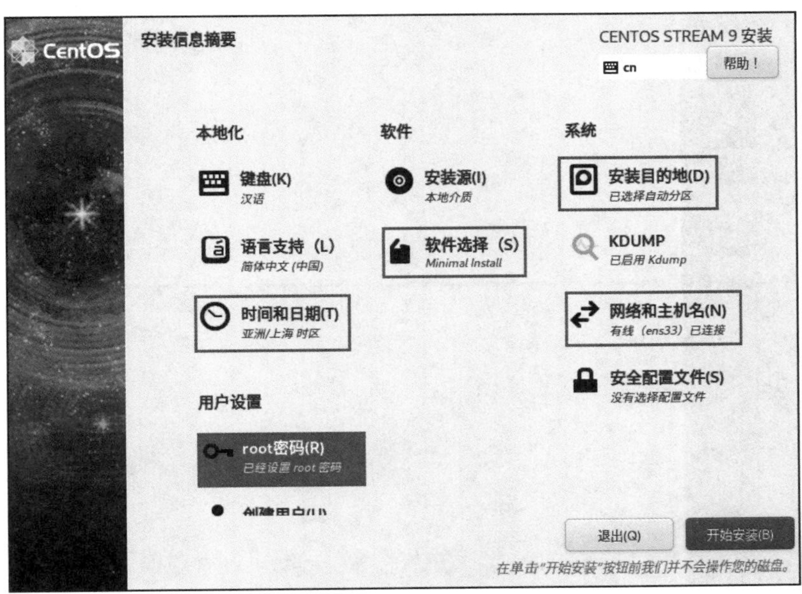

图 2-27　“安装信息摘要”界面(2)

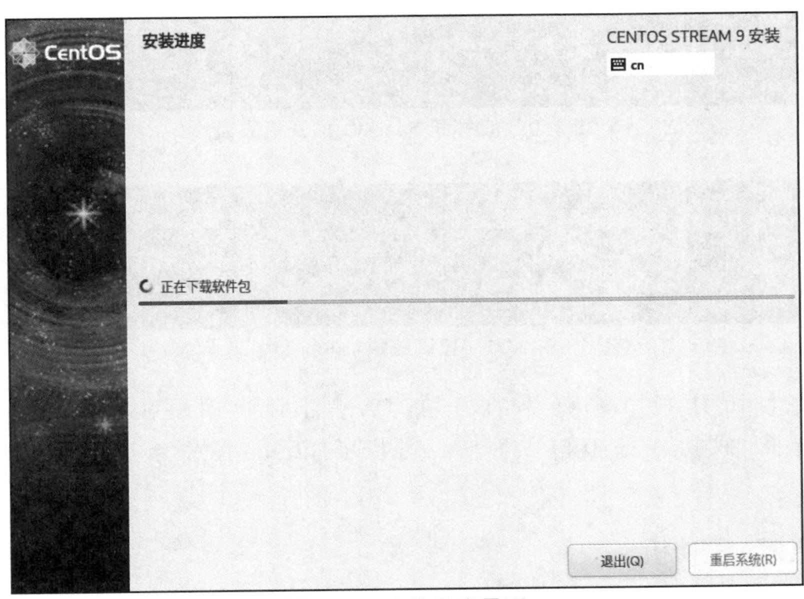

图 2-28　安装进度界面

CentOS Stream 9 安装完成的效果如图 2-29 所示。

(13) 在图 2-29 所示界面中，单击“重启系统”按钮重启虚拟机 Spark01，待虚拟机重启完成后将进入虚拟机 Spark01 的登录界面，如图 2-30 所示。

(14) 在图 2-30 所示界面中通过用户 root 登录虚拟机 Spark01。首先，在“spark01 login:”的位置输入 root 后按 Enter 键。然后，在“Password:”的位置输入 123456 后再次按 Enter 键，如图 2-31 所示。

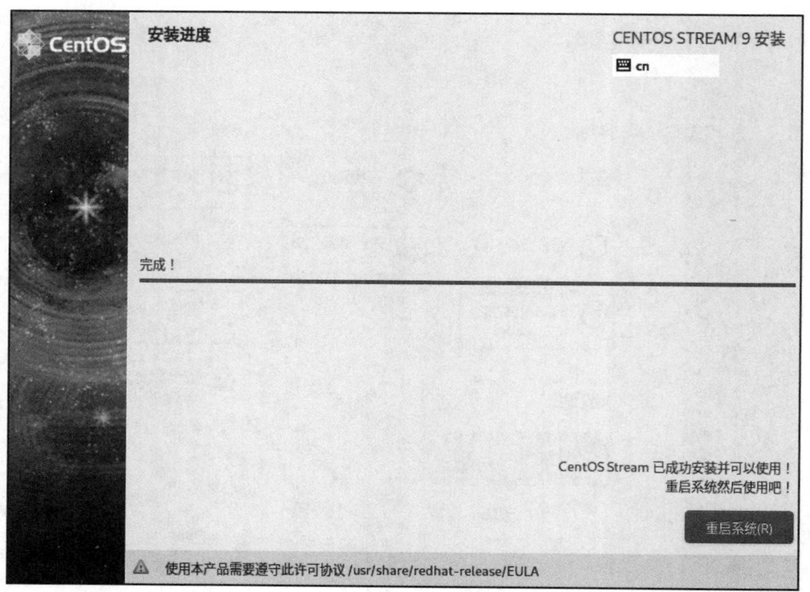

图 2-29 CentOS Stream 9 安装完成的效果

```
CentOS Stream 9
Kernel 5.14.0-176.el9.x86_64 on an x86_64

spark01 login: _
```

图 2-30 虚拟机 Spark01 的登录界面

```
CentOS Stream 9
Kernel 5.14.0-176.el9.x86_64 on an x86_64

spark01 login: root
Password:
Last login: Wed Oct 11 10:31:40 from 192.168.88.1
[root@spark01 ~]# _
```

图 2-31 登录虚拟机 Spark01

在图 2-31 中，出现“root@spark01”信息，表示通过用户 root 成功登录虚拟机 Spark01。至此，成功在虚拟机 Spark01 安装了 Linux 操作系统的发行版 CentOS Stream 9。

2.1.3 克隆虚拟机

现在已经成功创建了一台安装 Linux 操作系统的虚拟机。由于大数据集群环境需要多台虚拟机，如果每台虚拟机都按照 2.1.1 节和 2.1.2 节介绍的方式创建，那么这个过程会过于烦琐，因此这里我们介绍另外一种创建虚拟机的方式——克隆虚拟机。

VMware Workstation 提供了两种克隆虚拟机的方式，分别是完整克隆和链接克隆。这两种克隆方式的介绍如下。

1. 完整克隆

完整克隆通过复制原始虚拟机的方式创建新虚拟机，新虚拟机与原始虚拟机无任何资源共享，因此能够脱离原始虚拟机独立运行。

2. 链接克隆

链接克隆通过引用原始虚拟机的方式生成新虚拟机，新虚拟机与原始虚拟机共享同一虚拟磁盘文件，因此无法在脱离原始虚拟机的情况下独立运行。

以上两种克隆虚拟机的方式中，通过完整克隆创建的新虚拟机相对独立，不依赖于原始虚拟机，在实际应用中较为常用。这提醒我们，不仅在技术领域，而且在日常生活和工作中，我们需要具备独立解决问题的能力，不盲从、不依赖，从而更好地为自己和社会做出贡献。

本项目将采用完整克隆的方式，通过复制虚拟机 Spark01 创建虚拟机 Spark02 和 Spark03，具体操作步骤如下。

(1) 克隆虚拟机之前，需要关闭虚拟机 Spark01。在 VMware Workstation 的主界面右击虚拟机 Spark01，在弹出的菜单中依次选择“电源”“关闭客户机”选项关闭虚拟机 Spark01，如图 2-32 所示。

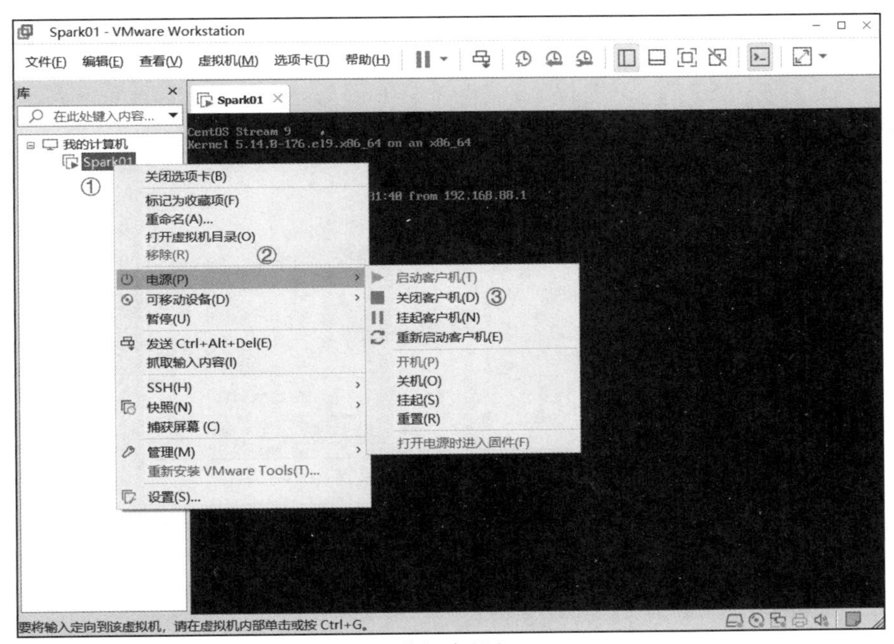

图 2-32 关闭虚拟机 Spark01

在图 2-32 所示界面中，单击“关闭客户机”选项后，会弹出一个提示框，询问“确认要关闭 Spark01 的客户机操作系统吗？”。在该提示框中单击“关机”按钮即可。

(2) 在 VMware Workstation 的主界面右击虚拟机 Spark01，在弹出的菜单中依次选择“管理”“克隆”选项打开“欢迎使用克隆虚拟机向导”界面，如图 2-33 所示。

(3) 在图 2-33 所示界面中，单击“下一页”按钮进入“克隆源”界面。在该界面中的“克隆自”部分选择“虚拟机中的当前状态”单选项，如图 2-34 所示。

(4) 在图 2-34 所示界面中，单击“下一页”按钮进入“克隆类型”界面。在该界面的“克隆方法”部分选择“创建完整克隆”单选项，如图 2-35 所示。

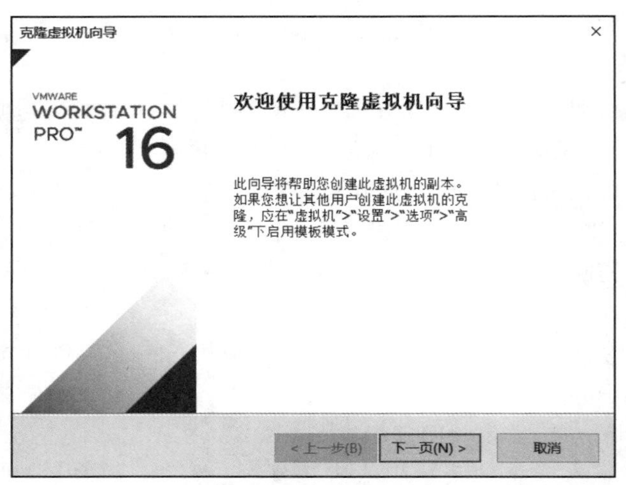

图 2-33 “欢迎使用克隆虚拟机向导”界面

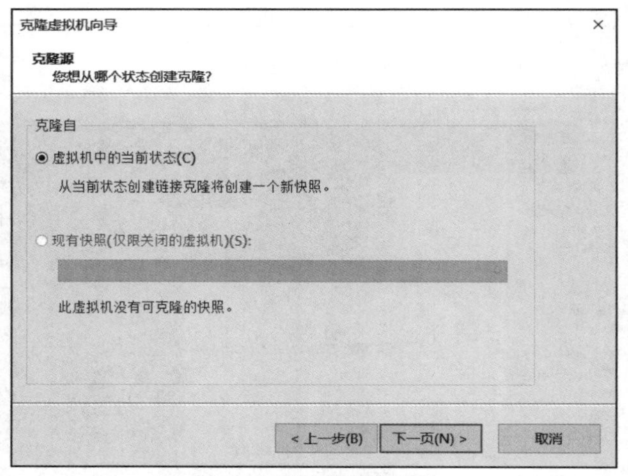

图 2-34 “克隆源”界面

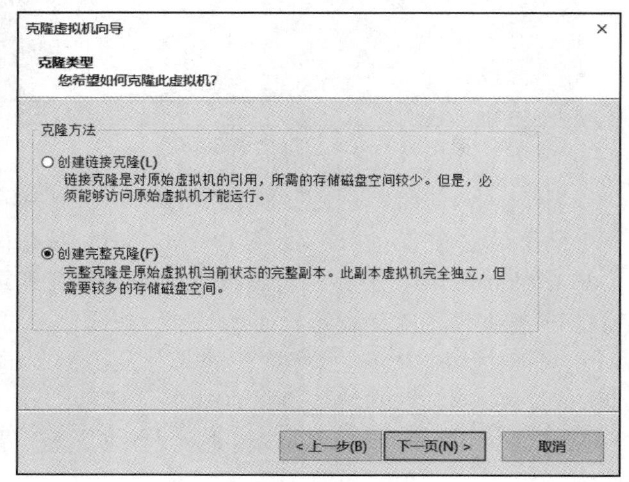

图 2-35 “克隆类型”界面

（5）在图2-35所示界面中，单击“下一页”按钮，进入“新虚拟机名称”界面。在该界面中设置虚拟机名称为Spark02，指定虚拟机的存储位置为D:\Virtual Machine\Spark\Spark02，如图2-36所示。

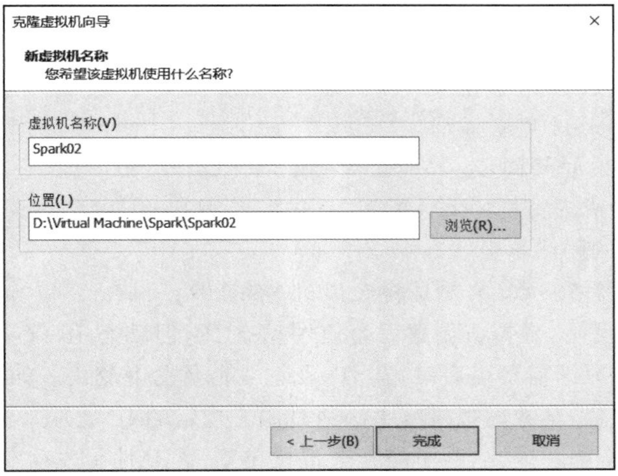

图2-36 新虚拟机名称界面

（6）在图2-36所示界面中，单击“完成”按钮进入“正在克隆虚拟机”界面，如图2-37所示。

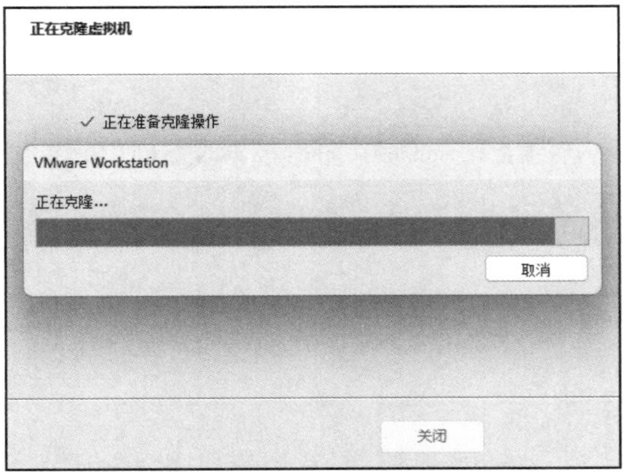

图2-37 “正在克隆虚拟机”界面

在图2-37所示界面中，等待虚拟机Spark02创建完成后，单击“关闭”按钮。

重复虚拟机Spark02的创建过程，在VMware Workstation中创建虚拟机Spark03。

注意：

虚拟机Spark02和Spark03是通过复制虚拟机Spark01创建的，因此，这两台虚拟机中root用户的密码与虚拟机Spark01中用户root的密码相同。

2.1.4 配置虚拟机

在追求成功的道路上，细致而周密的准备至关重要。虚拟机Spark01、Spark02和Spark03创建完成后便可以进行基本的使用，不过出于对虚拟机操作的便利性、集群中各虚拟机之间通信的连续性和稳定性等因素考虑，虚拟机创建完成后，通常需要对其进行一些基本配置，从而避免在使用虚拟机过程中给我们造成麻烦。针对本项目所搭建的集群环境，我们需要对虚拟机 Spark01、Spark02 和 Spark03 进行如下配置。

- 配置虚拟机的网络参数；
- 配置虚拟机的主机名和 IP 映射；
- 配置虚拟机 SSH 远程登录；
- 配置虚拟机 SSH 免密登录；
- 配置虚拟机的时间同步。

接下来，依次完成虚拟机的上述配置，具体内容如下。

1. 配置虚拟机的网络参数

配置虚拟机的网络参数，主要是将虚拟机 Spark01、Spark02 和 Spark03 的网络设置为静态 IP。默认情况下，虚拟机创建后会使用动态 IP，但动态 IP 存在一个缺点，即当虚拟机因故障、断电等原因需要重启时，其 IP 地址可能会发生变化。如果集群中某台虚拟机的 IP 地址发生变化，其他虚拟机将无法通过原先指定的 IP 地址来访问它，这将对集群的稳定性产生不利影响。因此，为了防止虚拟机重启后 IP 地址发生变化，通常将虚拟机配置为静态 IP。

在将虚拟机的网络更改为静态 IP 时，我们需要指定固定的 IP 地址，并确保集群中的每台虚拟机具有唯一的 IP 地址，以避免 IP 地址冲突。因此，最好的做法是提前规划每台虚拟机使用的 IP 地址。本项目中，规划虚拟机 Spark01、Spark02 和 Spark03 的 IP 地址如表 2-1 所示。

表 2-1　虚拟机 Spark01、Spark02 和 Spark03 的 IP 地址

虚拟机	IP 地址
Spark01	192.168.88.161
Spark02	192.168.88.162
Spark03	192.168.88.163

接下来，根据表 2-1 规划的 IP 地址，配置虚拟机 Spark01、Spark02 和 Spark03 的网络参数。这里以配置虚拟机 Spark02 的网络参数为例进行演示，具体操作步骤如下。

(1) 配置 VMware Workstation 网络。

由于不同计算机分配给 VMware Workstation 的网卡可能存在差异，所以 VMware Workstation 默认的 IP 网段可能各不相同。在本项目中，虚拟机使用的 IP 网段为 192.168.88.x。为了确保读者使用的虚拟机与本项目中的虚拟机拥有相同的 IP 网段，我们将通过配置 VMware Workstation 网络来修改其默认的 IP 网段。具体操作如下。

① 在 VMware Workstation 主界面依次选择“编辑”“虚拟网络编辑器...”选项打开“虚拟网络编辑器”对话框。在该对话框内选择类型为 NAT 模式的网卡，如图 2-38 所示。

② 在图 2-38 所示界面中，单击“更改设置”按钮后再次选择类型为 NAT 模式的网卡，并将“子网 IP”输入框中的内容更改为 192.168.88.0，如图 2-39 所示。

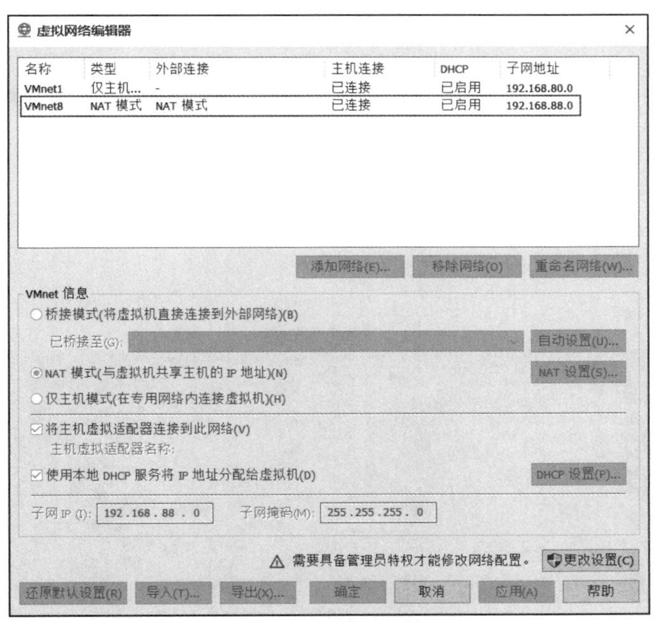

图 2-38　“虚拟网络编辑器”对话框(1)

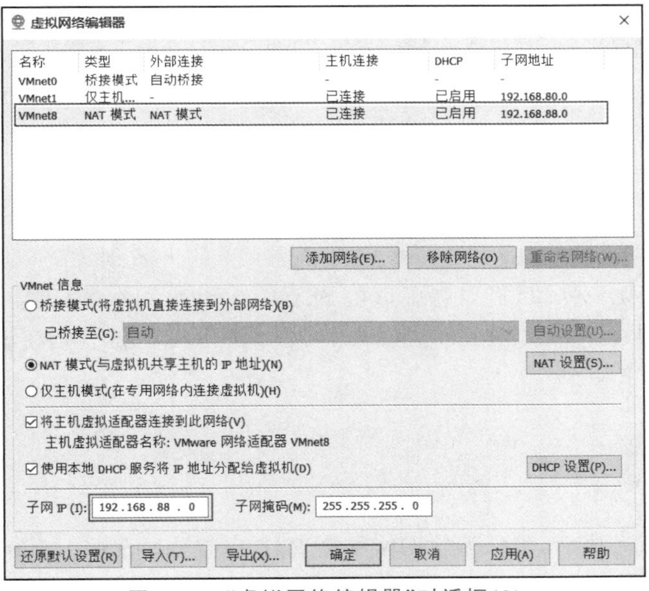

图 2-39　“虚拟网络编辑器”对话框(2)

在图 2-39 所示界面中,单击“应用”按钮完成对 VMware Workstation 网络的配置。

注意:

完成 VMware Workstation 网络配置后,为了使网络配置生效,需要重新启动虚拟机 Spark01、Spark02 和 Spark03。

(2) 修改网络配置文件。

编辑虚拟机的网络配置文件 ens33.nmconnection，具体命令如下。

```
$vi /etc/NetworkManager/system-connections/ens33.nmconnection
```

在网络配置文件 ens33.nmconnection 中，将[ipv4]下方参数 method 的值修改为 manual，以使用静态 IP。在[ipv4]下方添加参数 address1 和 dns，前者用于指定 IP 地址和网关，后者用于指定域名解析器。将参数 address1 的值设置为 192.168.88.162/24, 192.168.88.2，参数 dns 的值设置为 8.8.8.8。

网络配置文件 ens33.nmconnection 修改完成的效果如图 2-40 所示。

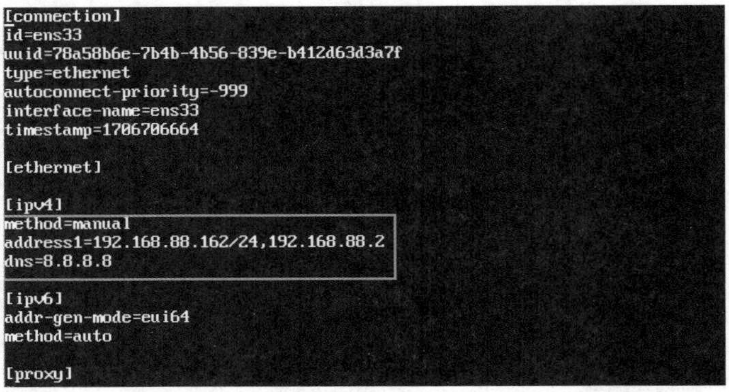

```
[connection]
id=ens33
uuid=78a58b6e-7b4b-4b56-839e-b412d63d3a7f
type=ethernet
autoconnect-priority=-999
interface-name=ens33
timestamp=1706706664

[ethernet]

[ipv4]
method=manual
address1=192.168.88.162/24,192.168.88.2
dns=8.8.8.8

[ipv6]
addr-gen-mode=eui64
method=auto

[proxy]
```

图 2-40　网络配置文件 ens33.nmconnection 修改完成的效果

在图 2-40 所示界面中，完成对网络配置文件 ens33.nmconnection 的修改后，保存并退出编辑。

(3) 修改 UUID。

UUID 的主要作用是为分布式系统中的各个元素分配唯一的标识码。然而，由于虚拟机 Spark02 和 Spark03 是通过克隆虚拟机 Spark01 的方式创建的(这会导致三台虚拟机具有相同的 UUID)，所以，需要在虚拟机 Spark02 和 Spark03 中重新生成 UUID，并将其替换掉网络配置文件 ens33.nmconnection 中默认的 UUID。分别在虚拟机 Spark02 和 Spark03 上执行如下命令。

```
$sed -i '/uuid=/c\uuid='`uuidgen`'' \
/etc/NetworkManager/system-connections/ens33.nmconnection
```

上述命令执行完成后，可以编辑网络配置文件 ens33.nmconnection 来检查参数 uuid 的值是否发生变化。

注意：

修改 UUID 命令中的“'”(单引号)和“`”(反引号)。

(4) 重新加载网络配置文件。

当网络配置文件 ens33.nmconnection 的内容发生更改时，这些更改不会立即生效，需要在虚拟机中执行 nmcli c reload 命令重新加载网络配置文件 ens33.nmconnection，使其更改的内容生效。除此之外，还需要执行 nmcli c up ens33 命令重新激活以太网接口

ens33 的网络连接。

(5) 查看网络接口的 IP 地址信息。

在虚拟机上执行 ip addr 命令查看网络接口的 IP 地址信息，如图 2-41 所示。

```
[root@spark02 ~]# ip addr
1: lo: <LOOPBACK,UP,LOWER_UP> mtu 65536 qdisc noqueue state UNKNOWN group default qlen 1000
    link/loopback 00:00:00:00:00:00 brd 00:00:00:00:00:00
    inet 127.0.0.1/8 scope host lo
       valid_lft forever preferred_lft forever
    inet6 ::1/128 scope host
       valid_lft forever preferred_lft forever
2: ens33: <BROADCAST,MULTICAST,UP,LOWER_UP> mtu 1500 qdisc fq_codel state UP group default qlen 1000
    link/ether 00:0c:29:bf:d0:2a brd ff:ff:ff:ff:ff:ff
    altname enp2s1
    inet 192.168.88.162/24 brd 192.168.88.255 scope global noprefixroute ens33
       valid_lft forever preferred_lft forever
    inet6 fe80::20c:29ff:febf:d02a/64 scope link noprefixroute
       valid_lft forever preferred_lft forever
[root@spark02 ~]#
```

图 2-41 查看网络接口的 IP 地址信息

从图 2-41 所示界面中可以看出，虚拟机 Spark02 的 IP 地址为 192.168.88.162，表明已成功配置其网络参数。

读者可参考配置虚拟机 Spark02 网络参数的操作，自行配置虚拟机 Spark01 和 Spark03 的网络参数。

注意：

在虚拟机 Spark01、Spark02 和 Spark03 的网络配置文件 ens33.nmconnection 中，参数 dns 的值都是 8.8.8.8。虚拟机 Spark01 的网络配置文件 ens33.nmconnection 中参数 address1 的值需要设置为 192.168.88.161/24,192.168.88.2。虚拟机 Spark03 的网络配置文件 ens33.nmconnection 中参数 address1 的值需要设置为 192.168.88.163/24,192.168.88.2。

2. 配置虚拟机的主机名和 IP 映射

在集群环境中，IP 地址作为各节点的标识具有关键意义。通过 IP 地址，我们能够明确访问集群中的特定节点。然而，考虑到 IP 地址难以记忆，直接通过 IP 地址访问节点可能会带来不便。为了解决这一问题，我们可以建立主机名与 IP 地址的映射关系，从而实现通过主机名来访问节点，使得整个访问过程更加便捷和高效。

接下来，将演示如何配置虚拟机 Spark01、Spark02 和 Spark03 的主机名和 IP 地址，具体操作步骤如下。

(1) 修改主机名。

在集群环境中，每个节点的主机名必须是唯一的。然而，虚拟机 Spark02 和 Spark03 是通过克隆虚拟机 Spark01 的方式创建的，导致三台虚拟机具有相同的主机名。为解决此问题，我们需要在虚拟机 Spark02 和 Spark03 上分别执行以下命令，将其主机名分别修改为 spark02 和 spark03。

```
#在虚拟机 Spark02 执行
$hostnamectl set-hostname spark02
#在虚拟机 Spark03 执行
$hostnamectl set-hostname spark03
```

上述命令执行完成后，为了使修改主机名的操作生效，需要在虚拟机 Spark02 和

Spark03 上分别执行 reboot 命令重启虚拟机。

(2) 修改映射文件。

分别在虚拟机 Spark01、Spark02 和 Spark03 执行 vi /etc/hosts 命令编辑映射文件 hosts。在该文件中,添加虚拟机 Spark01、Spark02 和 Spark03 的主机名与 IP 地址之间的映射关系,具体内容如下。

```
192.168.88.161 spark01
192.168.88.162 spark02
192.168.88.163 spark03
```

在映射文件 hosts 中添加完上述内容后,保存并退出编辑。

3. 配置虚拟机 SSH 远程登录

在 VMware Workstation 中操作虚拟机时,可能会遇到一些不便之处。例如,在虚拟机和宿主机之间进行复制和粘贴操作时不够方便。为了提升虚拟机操作的便捷性,通常会为虚拟机配置 SSH 远程登录,以便使用 SSH 工具远程登录虚拟机进行操作。

接下来,以虚拟机 Spark02 为例演示如何为虚拟机配置 SSH 远程登录,具体操作步骤如下。

(1) 查看 SSH 服务的运行状态。

使用 SSH 工具远程登录虚拟机时,需要确保虚拟机中的 SSH 服务处于启动状态。在虚拟机中,查看 SSH 服务运行状态的命令如下。

```
$systemctl status sshd
```

上述命令的执行效果如图 2-42 所示。

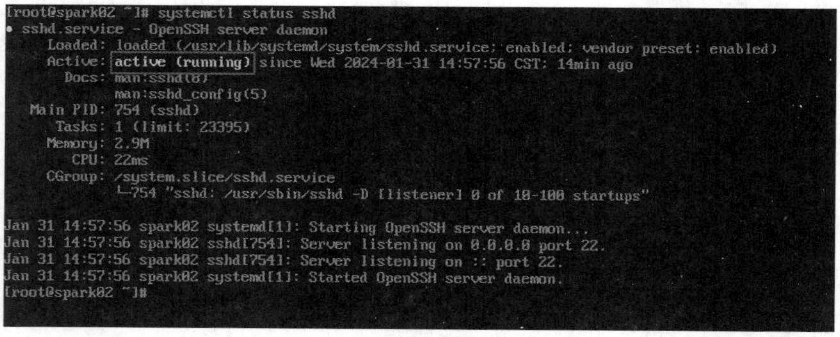

图 2-42 查看 SSH 服务运行状态

从图 2-42 中可以看出,SSH 服务运行状态的信息中出现 active(running),说明 SSH 服务处于启动状态。若 SSH 服务运行状态的信息中出现 inactive(dead),说明 SSH 服务处于停止状态,需要读者在虚拟机中执行 systemctl start sshd 命令来启动 SSH 服务。

(2) 修改 SSH 服务的配置文件。

默认情况下,CentOS Stream 9 不允许使用 root 用户进行远程登录。因此,需要对 SSH 服务的配置文件 sshd_config 进行修改。在虚拟机上执行 vi /etc/ssh/sshd_config

命令编辑配置文件 sshd_config,在该文件的末尾添加一行内容,具体如下。

```
PermitRootLogin yes
```

上述内容表示允许使用 root 用户进行远程登录。在配置文件 sshd_config 中添加完上述内容后,保存并退出编辑。接着,在虚拟机执行 systemctl restart sshd 命令重新启动 SSH 服务,使配置文件 sshd_config 中的修改生效。

(3) 使用 SecureCRT 远程连接虚拟机。

SecureCRT 是一个 SSH 工具,可以用于远程连接并操作虚拟机。打开 SecureCRT 进入 SecureCRT 的主界面,在该界面依次单击 File、Quick Connect 选项进入 Quick Connect 对话框。在该对话框的 Hostname 和 Username 输入框内分别输入 192.168.88.162 和 root,指定虚拟机的 IP 地址和登录虚拟机的用户名,如图 2-43 所示。

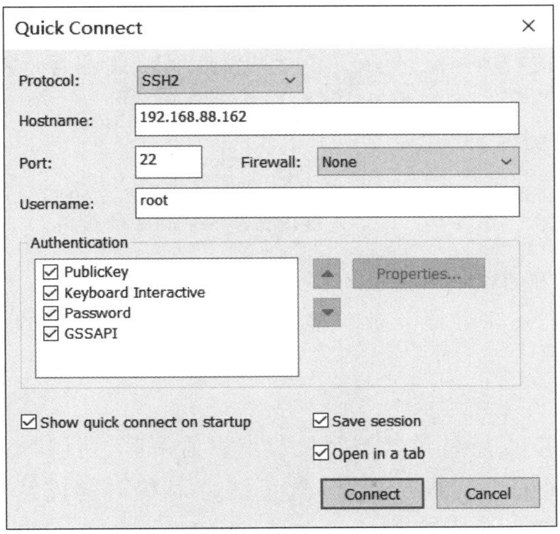

图 2-43 Quick Connect 对话框

在图 2-43 所示界面中,单击 Connect 按钮弹出 New Host Key 对话框,如图 2-44 所示。

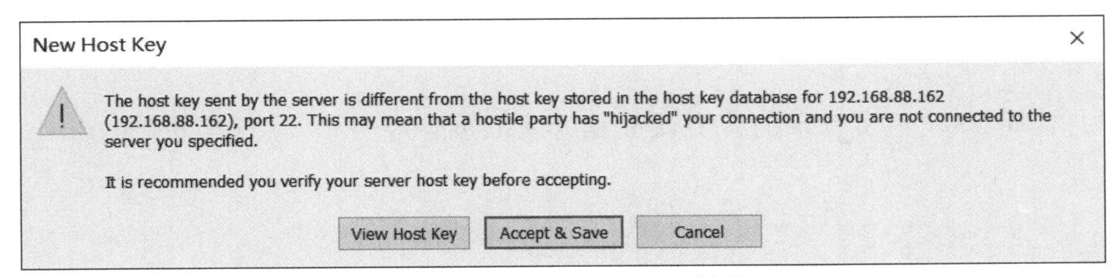

图 2-44 New Host Key 对话框

在图 2-44 所示界面中,单击 Accept & Save 按钮接受并保存主机密钥。随后,将会弹出 Enter Secure Shell Password 对话框。在该对话框的 Password 文本框内输入用户 root 的密码 123456,并且选中 Save password 复选框保存密码,如图 2-45 所示。

Enter Secure Shell Password

root@192.168.88.162 requires a password.
Please enter a password now.

Username: root
Password: ••••••
Save password
OK
Cancel
Skip

图 2-45　Enter Secure Shell Password 对话框

在图 2-45 所示界面中,单击 OK 按钮连接虚拟机 Spark02,成功连接虚拟机 Spark02 的效果如图 2-46 所示。

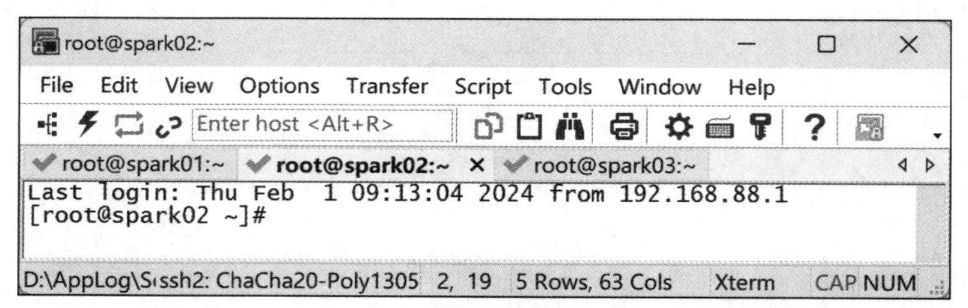

图 2-46　成功连接虚拟机 Spark02 的效果

读者可参照配置虚拟机 Spark02 实现 SSH 远程登录的方式,自行配置虚拟机 Spark01 和 Spark03 的 SSH 远程登录。本项目后续有关虚拟机的操作,都是通过 SSH 工具 SecureCRT 实现的。

4. 配置虚拟机 SSH 免密登录

在集群环境中,主节点需要频繁访问从节点以监测其运行状态。然而,每次访问从节点都需要通过输入密码的方式进行验证,这可能会对集群的连续运行造成一定的干扰。因此,为了提高访问效率并确保集群的稳定性,为主节点配置 SSH 免密登录是一种有效的解决方案。这种配置可以避免在访问从节点时频繁输入密码,从而提高整个集群的效率和响应速度。

本项目使用虚拟机 Spark01 作为大数据集群环境的主节点。接下来,将演示如何为虚拟机 Spark01 配置免密登录,使其可以免密登录虚拟机 Spark02 和 Spark03,具体操作步骤如下。

(1) 实现 SSH 免密登录的首要任务是为虚拟机生成密钥,在虚拟机 Spark01 执行如下命令。

```
$ssh-keygen -t rsa
```

上述命令执行完成后,根据提示信息按 Enter 键进行确认,如图 2-47 所示。

在图 2-47 所示界面中标注部分需要读者按 Enter 键进行确认。生成的密钥包含私钥文件 id_rsa 和公钥文件 id_rsa.pub,它们默认被存储在/root/.ssh 目录中。

(2) 将公钥文件复制到集群中相关联的所有虚拟机(包括自身),在虚拟机 Spark01

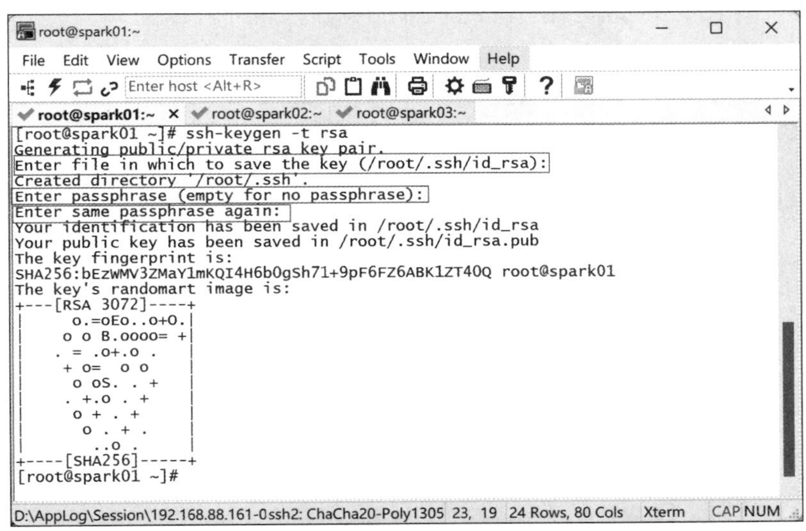

图 2-47 生成密钥

执行下列命令。

```
#将公钥文件复制到虚拟机 Spark01
$ssh-copy-id spark01
#将公钥文件复制到虚拟机 Spark02
$ssh-copy-id spark02
#将公钥文件复制到虚拟机 Spark03
$ssh-copy-id spark03
```

在执行上述命令时，读者需要根据提示信息输入两部分内容。首先，输入 yes 并按 Enter 键，以确认连接到指定的虚拟机。其次，输入所连接虚拟机中用户 root 的登录密码。例如，将公钥文件复制到虚拟机 Spark02 上的执行效果如图 2-48 所示。

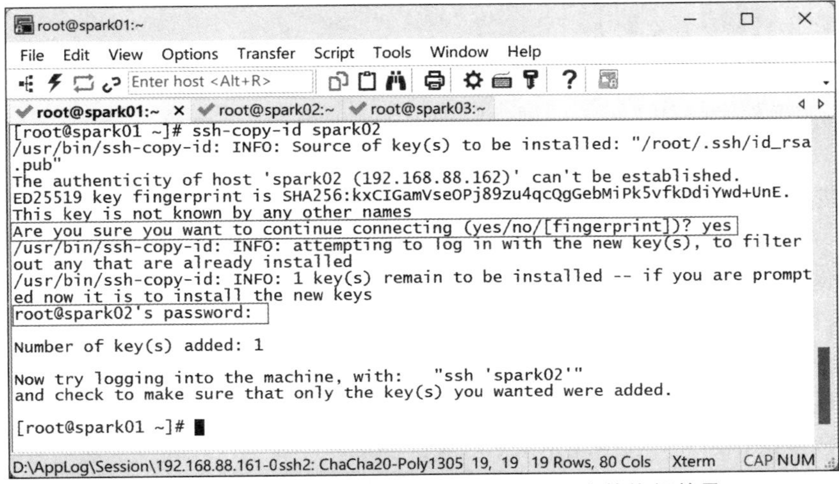

图 2-48 将公钥文件复制到虚拟机 Spark02 上的执行效果

图 2-48 中标注的部分需要读者根据提示信息输入相关内容。

(3) 在虚拟机 Spark01 中,使用 ssh 命令验证是否可以免密登录到集群中任意关联的虚拟机(包括自身)上。例如,验证虚拟机 Spark01 是否可以免密登录到虚拟机 Spark02 上,具体命令如下。

```
$ssh spark02
```

上述命令的执行效果如图 2-49 所示。

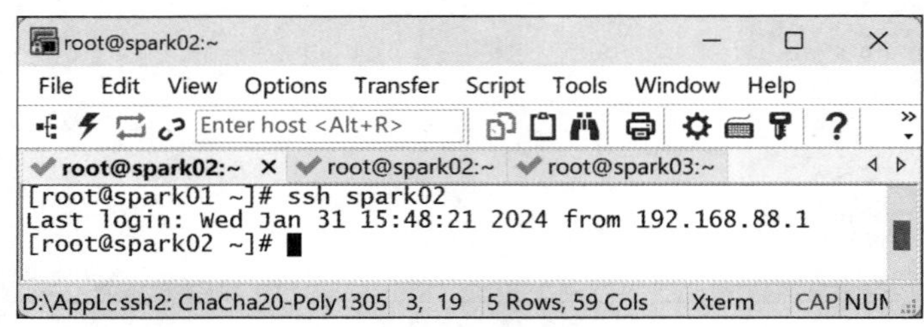

图 2-49 免密登录到虚拟机 Spark02 上

从图 2-49 中可以看出,主机名已经由 spark01 更改为 spark02,说明已经成功登录到虚拟机 Spark02 上。在此期间,并未输入任何密码。若需要退出登录,则可以执行 exit 命令。

多学一招:解决 SecureCRT 显示乱码问题

在 SecureCRT 的使用过程中,窗口输出的内容可能会出现中文乱码的问题,这是因为未设置 SecureCRT 字符编码。

在 SecureCRT 的主界面依次单击 Options、Session Options 选项打开 Session Options 对话框。在该对话框中选择 Appearance 选项打开 Window and Text Appearance 界面,将该界面中 Character encoding 下拉框的内容修改为 UTF-8,如图 2-50 所示。

在图 2-50 所示界面中,单击 OK 按钮即可。

5. 配置虚拟机的时间同步

Linux 操作系统中的时间分为系统时间和硬件时间,其中系统时间是 Linux 内核维护的时间,而硬件时间是主板上的硬件时钟记录的时间。Linux 操作系统启动时,会从硬件时钟读取硬件时间,并将其设置为系统时间。Linux 操作系统运行时,会定期将系统时间和硬件时间同步。但是,由于操作系统运行中的各种干扰,如 CPU 负载或系统运行时间过长等,可能会导致系统时间的误差。如果集群中的多台服务器出现系统时间的误差,就会影响集群的一致性。

本项目使用多台虚拟机构建集群环境,而虚拟机的 CPU 是由虚拟机软件模拟的,并非真实的物理 CPU,因此系统时间的误差更容易发生。为此,我们需要为大数据集群环境中的虚拟机配置时间同步。

本项目使用时间同步工具 Chrony 实现时间同步。配置 Chrony 的过程中,需要在集群环境中选择一个节点作为 Chrony 服务端,其他节点作为 Chrony 客户端。Chrony 服

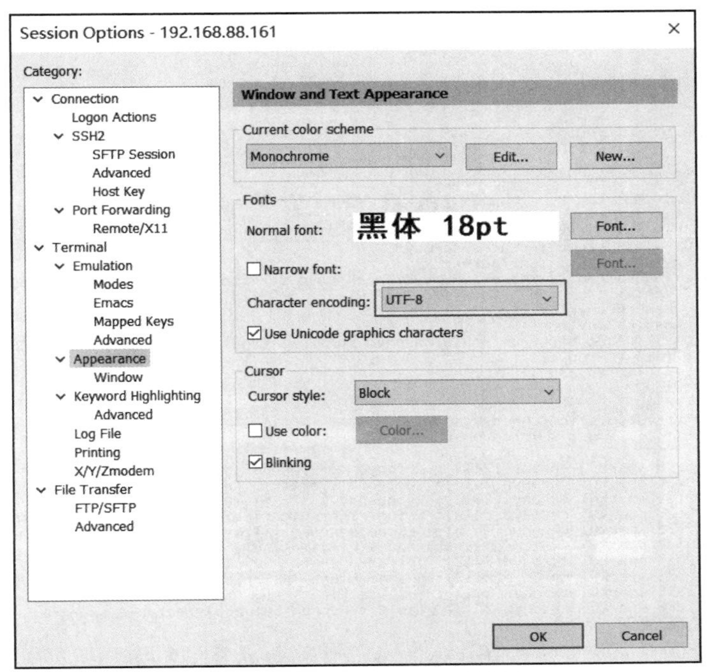

图 2-50　Session Options 对话框

务器负责与可信的时钟源(如中国国家授时中心、中国授时等)通信,以保证系统时间的正确性。Chrony 客户端负责与 Chrony 服务器同步时间,把 Chrony 服务器作为自己的时钟源。

接下来,讲解如何使用 Chrony 为大数据集群环境中的虚拟机配置时间同步,具体步骤如下。

(1) 安装 Chrony。

分别在虚拟机 Spark01、Spark02 和 Spark03 上执行如下命令安装 Chrony。

```
$yum install chrony -y
```

(2) 启动 Chrony 服务。

分别在虚拟机 Spark01、Spark02 和 Spark03 上执行如下命令启动 Chrony 服务。

```
$systemctl start chronyd
```

需要注意的是,上述启动 Chrony 服务的命令只是临时生效,当虚拟机重新启动后,Chrony 服务并不会随着虚拟机同时启动,而是需要用户再次执行启动 Chrony 服务的命令,因此可以分别在三台虚拟机中执行 systemctl enable chronyd 命令设置 Chrony 服务开机自启动。

(3) 查看 Chrony 服务运行状态。

分别在虚拟机 Spark01、Spark02 和 Spark03 上执行如下命令查看 Chrony 服务运行状态。

```
$systemctl status chronyd
```

上述命令在虚拟机 Spark01 的执行效果如图 2-51 所示。

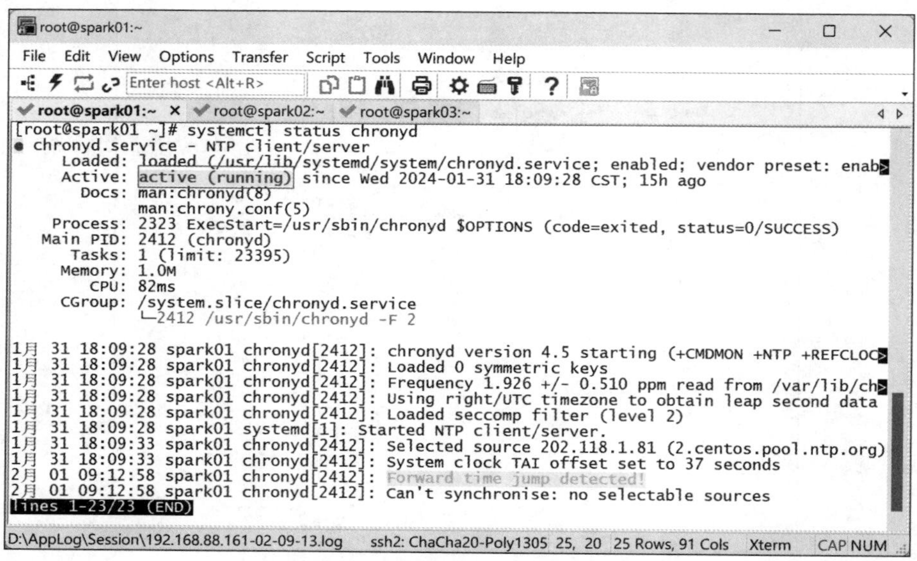

图 2-51　查看 Chrony 服务运行状态

从图 2-51 中可以看出，虚拟机 Spark01 输出 Chrony 服务的状态信息中包含 active (running)内容，因此证明虚拟机 Spark01 的 Chrony 服务启动成功。读者可以通过查看虚拟机 Spark02 和 Spark03 上输出 Chrony 服务的状态信息来确认 Chrony 服务是否启动成功。

(4) 关闭防火墙。

默认情况下，CentOS Stream 9 会开启防火墙(firewall)，而防火墙会限制 Chrony 客户端与 Chrony 服务端进行时间同步，为此需要在虚拟机 Spark01、Spark02 和 Spark03 上关闭防火墙，分别在三台虚拟机执行如下命令。

```
$systemctl stop firewalld
```

上述关闭防火墙的命令只是临时生效，如果虚拟机重新启动，那么便需要重新关闭防火墙，因此可以分别在三台虚拟机中执行 systemctl disable firewalld 命令禁止防火墙开机自启动。

(5) 查看防火墙运行状态。

分别在虚拟机 Spark01、Spark02 和 Spark03 上执行如下命令查看防火墙运行状态。

```
$systemctl status firewalld
```

上述命令在虚拟机 Spark01 的执行效果如图 2-52 所示。

从图 2-52 中可以看出，虚拟机 Spark01 输出防火墙的状态信息中包含 inactive

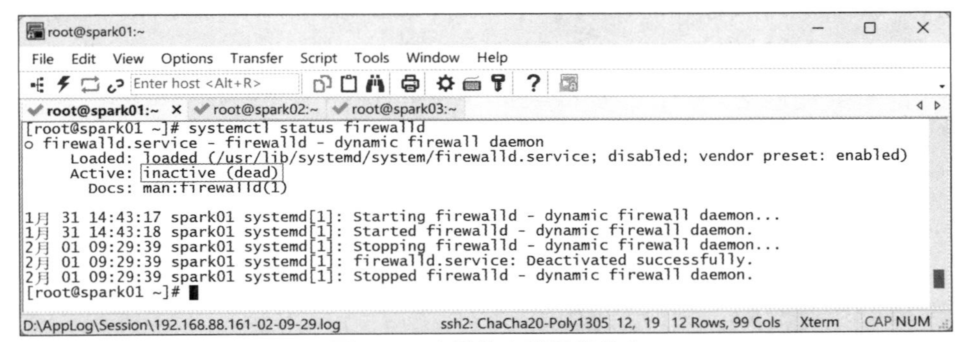

图 2-52　查看防火墙运行状态

(dead)内容，因此证明虚拟机 Spark01 的防火墙关闭成功。读者可以通过查看虚拟机 Spark02 和 Spark03 中输出防火墙的状态信息来确认防火墙是否关闭成功。

(6) 配置 Chrony 服务端。

在本项目中，我们选择虚拟机 Spark01 作为 Chrony 服务端。在虚拟机 Spark01 执行 vi /etc/chrony.conf 命令编辑 Chrony 的配置文件 chrony.conf，将 Chrony 默认使用的时钟源指定为中国国家授时中心的 NTP 服务器地址，并且允许处于 192.168.88.x 网段的 Chrony 客户端进行时间同步，配置文件 chrony.conf 修改完成的效果如图 2-53 所示。

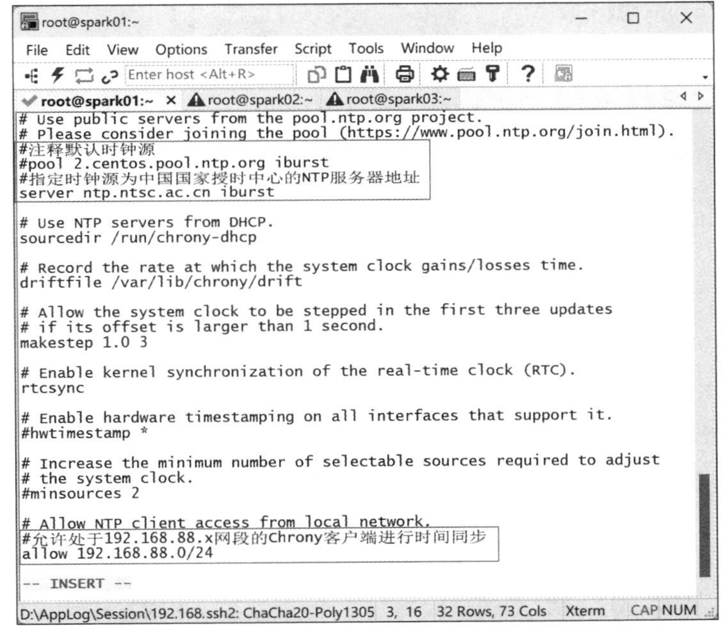

图 2-53　配置文件 chrony.conf 修改完成的效果(1)

根据图 2-53 的内容完成虚拟机 Spark01 中配置文件 chrony.conf 的修改后，保存并退出编辑。

(7) 配置 Chrony 客户端。

在本项目中，我们选择虚拟机 Spark02 和 Spark03 作为 Chrony 客户端。分别在虚拟机 Spark02 和 Spark03 执行 vi /etc/chrony.conf 命令编辑 Chrony 的配置文件 chrony.conf，将 Chrony 默认使用的时钟源指定为虚拟机 Spark01 的 Chrony 服务端。这里以虚拟机 Spark02 中配置文件 chrony.conf 修改完成的效果进行展示，如图 2-54 所示。

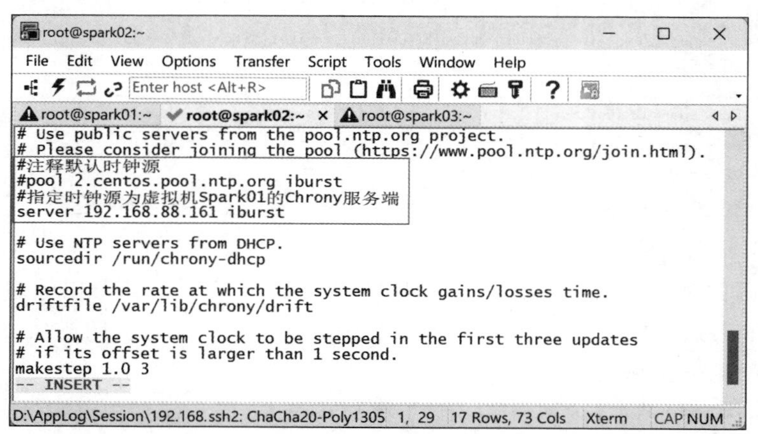

图 2-54　配置文件 chrony.conf 修改完成的效果(2)

根据图 2-54 的内容完成虚拟机 Spark02 和 Spark03 中配置文件 chrony.conf 的修改后，保存并退出编辑。

(8) 重启 Chrony 服务。

重启 Chrony 服务使配置文件 chrony.conf 修改的内容生效。分别在虚拟机 Spark01、Spark02 和 Spark03 执行如下命令。

```
$systemctl restart chronyd
```

(9) 查看时间同步状态。

查看 Chrony 客户端的时间同步状态，确保 Chrony 客户端能够成功与 Chrony 服务端同步时间。这里以查看虚拟机 Spark02 中 Chrony 客户端的时间同步状态进行展示，在虚拟机 Spark02 上执行 chronyc sources -v 命令的效果如图 2-55 所示。

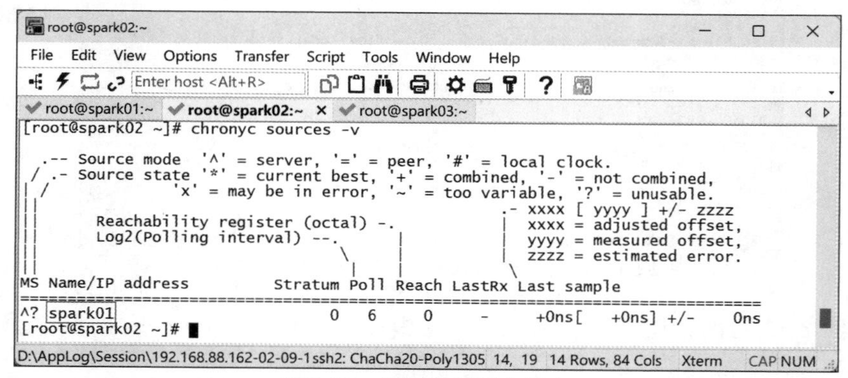

图 2-55　查看时间同步状态

在图 2-55 所示界面中，显示虚拟机 Spark02 中 Chrony 客户端的时钟源为 spark01，即虚拟机 Spark01 的主机名，说明虚拟机 Spark02 中 Chrony 客户端成功与虚拟机 Spark01 中的 Chrony 服务端同步时间。

2.2 安装 JDK

由于大数据集群环境中 ZooKeeper、Hadoop 和 Spark 等大数据技术的运行依赖于 Java 环境，所以在搭建大数据集群环境之前，需要在虚拟机 Spark01、Spark02 和 Spark03 上安装 JDK。本项目出于兼容性的考虑，采用 JDK 的版本为 8。接下来，将演示如何在 3 台虚拟机上安装 JDK，具体操作步骤如下。

1. 创建目录

为了规范大数据集群环境中存放安装包、数据和安装程序的目录，这里约定分别在虚拟机 Spark01、Spark02 和 Spark03 的根目录下创建以下目录，具体命令如下。

```
#创建存放数据的目录
$mkdir -p /export/data/
#创建存放安装程序的目录
$mkdir -p /export/servers/
#创建存放安装包的目录
$mkdir -p /export/software/
```

2. 上传 JDK 安装包

进入虚拟机 Spark01 存放安装包的目录/export/software/，在该目录中执行 rz 命令，将本地计算机中准备好的 JDK 安装包 jdk-8u241-linux-x64.tar.gz 上传到虚拟机的/export/software 目录中，在弹出的 Select Files to Send using Zmodem 对话框，选择要上传的 JDK 安装包，并单击 Add 按钮将 JDK 安装包添加到上传列表，如图 2-56 所示。

在图 2-56 所示界面中，单击 OK 按钮上传 JDK 安装包。需要注意的是，如果执行 rz 命令时提示无法找到此命令，那么可以执行 yum install lrzsz -y 命令安装文件传输工具 lrzsz。

3. 安装 JDK

以解压方式将 JDK 安装到目录/export/servers/中。在虚拟机 Spark01 的目录/export/software 执行如下命令。

```
$tar -zxvf jdk-8u241-linux-x64.tar.gz -C /export/servers/
```

此处暂时跳过在其他虚拟机中安装 JDK 的操作，后续将通过分发的方式实现。

4. 配置 JDK 的系统环境变量

为了确保大数据集群环境在运行时能够正确地识别和使用 Java 环境，需要在虚拟机上配置 JDK 的系统环境变量。在虚拟机 Spark01 中，执行 vi /etc/profile 命令编辑系统环境变量文件 profile，在该文件的底部添加如下内容。

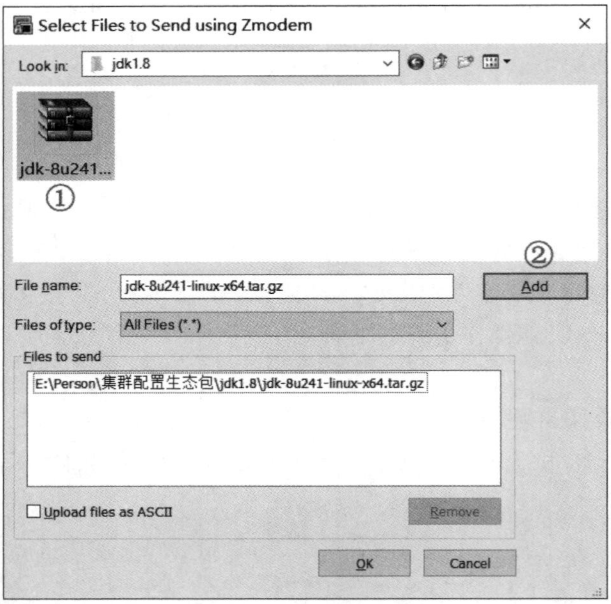

图 2-56　上传 JDK 安装包

```
export JAVA_HOME=/export/servers/jdk1.8.0_241
export PATH=$PATH:$JAVA_HOME/bin
```

在系统环境变量文件 profile 中添加上述内容后,保存并退出编辑。为了使系统环境变量文件中添加的内容生效,还需要执行 source /etc/profile 命令初始化系统环境变量。

5. 验证 JDK 是否安装成功

在虚拟机 Spark01 上执行 java -version 命令查看 JDK 版本号,验证当前虚拟机是否成功安装 JDK,如图 2-57 所示。

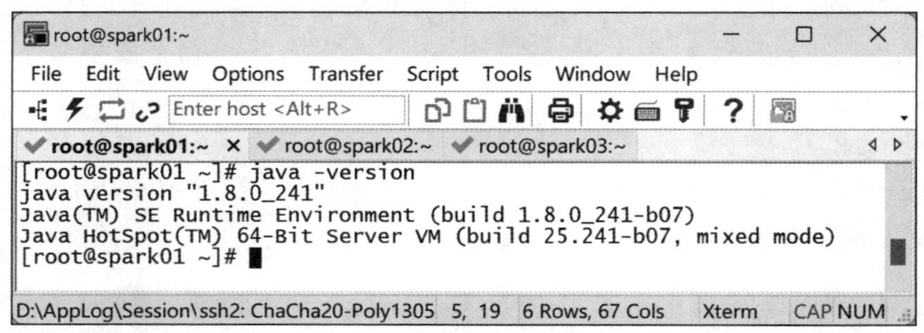

图 2-57　查看 JDK 的版本号

在图 2-57 所示界面中显示了 JDK 的版本号为 1.8.0_241,说明成功在虚拟机 Spark01 上安装了 JDK。

6. 分发 JDK 安装目录

使用 scp 命令将虚拟机 Spark01 中的 JDK 安装目录分发到虚拟机 Spark02 和 Spark03 的/export/servers 目录中,从而在虚拟机 Spark02 和 Spark03 上完成 JDK 的安

装。在虚拟机Spark01上执行下列命令。

```
#将 JDK 安装目录分发至虚拟机 Spark02
$scp -r /export/servers/jdk1.8.0_241 root@spark02:/export/servers/
#将 JDK 安装目录分发至虚拟机 Spark03
$scp -r /export/servers/jdk1.8.0_241 root@spark03:/export/servers/
```

7. 分发系统环境变量文件

使用scp命令将虚拟机Spark01中的系统环境变量文件profile分发到虚拟机Spark02和Spark03的/etc目录中,从而在虚拟机Spark02和Spark03上配置JDK的系统环境变量。在虚拟机Spark01上执行下列命令。

```
#将系统环境变量文件 profile 分发到虚拟机 Spark02 上
$scp /etc/profile root@spark02:/etc
#将系统环境变量文件 profile 分发到虚拟机 Spark03 上
$scp /etc/profile root@spark03:/etc
```

上述命令执行完成后,分别在虚拟机Spark02和Spark03上执行初始化系统环境变量的命令,使系统环境变量文件profile中修改的内容生效。

至此,便完成了在虚拟机Spark01、Spark02和Spark03上安装JDK的操作。

2.3 部署ZooKeeper集群

本项目涉及HBase和Kafka的使用,而这二者均需要ZooKeeper的支持。因此,在部署HBase和Kafka之前,需要先完成ZooKeeper集群的部署。ZooKeeper集群采用主从服务器架构,包括一个主服务器和多个从服务器。主服务器被称为Leader节点,负责处理写请求和协调集群的状态。从服务器分为Follower节点和Observer节点,其中Follower节点负责处理读请求、参与选举和转发写请求给Leader节点;而Observer节点仅负责处理读请求,不参与写请求和选举,其主要目的是提高集群的读性能。一般情况下,ZooKeeper集群只需要包含Leader和Follower这两种类型的节点即可满足基本使用需求。

为了确保ZooKeeper集群的高可用性和容错性,通常建议将节点数量规划为$2n+1$个,其中n是一个整数。这样可以保证在发生故障时,ZooKeeper集群仍然能够继续正常工作。

接下来,将演示如何使用虚拟机Spark01、Spark02和Spark03部署ZooKeeper集群,具体操作步骤如下。

1. 上传ZooKeeper安装包

将ZooKeeper安装包apache-zookeeper-3.7.0-bin.tar.gz上传至虚拟机Spark01的目录/export/software中。

2. 安装ZooKeeper

以解压方式将ZooKeeper安装到目录/export/servers/中。在虚拟机Spark01的目录/export/software 中执行如下命令。

```
$tar -zxvf apache-zookeeper-3.7.0-bin.tar.gz -C /export/servers/
```

上述命令执行完成后，在虚拟机 Spark01 的/export/servers 目录中会看到一个名称为 apache-zookeeper-3.7.0-bin 的文件夹。为了便于后续使用 ZooKeeper，这里将 ZooKeeper 的安装目录重命名为 zookeeper-3.7.0，在虚拟机 Spark01 的/export/servers 目录中执行如下命令。

```
$mv apache-zookeeper-3.7.0-bin zookeeper-3.7.0
```

此处暂时跳过在其他虚拟机中安装 ZooKeeper 的操作，后续将通过分发的方式实现。

3. 创建 ZooKeeper 的配置文件

ZooKeeper 默认没有提供给用户可编辑的配置文件，而是提供了一个模板文件 zoo_sample.cfg 供用户参考。我们可以通过复制该文件并重命名为 zoo.cfg 来创建 ZooKeeper 的配置文件 zoo.cfg。

在虚拟机 Spark01 上，进入存放 ZooKeeper 配置文件的目录/export/servers/zookeeper-3.7.0/conf，复制该目录中的模板文件 zoo_sample.cfg 并将其重命名为zoo.cfg，具体命令如下。

```
$cp zoo_sample.cfg zoo.cfg
```

上述命令执行完成后，将会在/export/servers/zookeeper-3.7.0/conf 目录中生成 ZooKeeper 的配置文件 zoo.cfg。

4. 修改 ZooKeeper 的配置文件

在虚拟机 Spark01 的目录/export/servers/zookeeper-3.7.0/conf 中，执行 vi zoo.cfg 命令编辑 ZooKeeper 的配置文件 zoo.cfg。在该文件中修改 ZooKeeper 集群进行数据持久化的目录，并添加 ZooKeeper 集群中各节点的地址信息。修改完成的 ZooKeeper 配置文件 zoo.cfg 如文件 2-1 所示。

文件 2-1　zoo.cfg

```
1   #The number of milliseconds of each tick
2   tickTime=2000
3   #The number of ticks that the initial
4   #synchronization phase can take
5   initLimit=10
6   #The number of ticks that can pass between
7   #sending a request and getting an acknowledgement
8   syncLimit=5
9   #the directory where the snapshot is stored
10  #do not use /tmp for storage, /tmp here is just
```

```
11  #将数据持久化目录修改为/export/data/zookeeper/zkdata
12  dataDir=/export/data/zookeeper/zkdata
13  #the port at which the clients will connect
14  clientPort=2181
15  #the maximum number of client connections
16  #increase this if you need to handle more clients
17  #maxClientCnxns=60
18  #
19  #Be sure to read the maintenance section of the
20  #administrator guide before turning on autopurge
21  #
22  #http://zookeeper.apache.org/doc/current/zookeeperAdmin.html#sc_maintenance
23  #
24  #The number of snapshots to retain in dataDir
25  #autopurge.snapRetainCount=3
26  #Purge task interval in hours
27  #Set to "0" to disable auto purge feature
28  #autopurge.purgeInterval=1
29  #Metrics Providers
30  #
31  #https://prometheus.io Metrics Exporter
32  #metricsProvider.httpPort=7000
33  #metricsProvider.exportJvmInfo=true
34  server.1=spark01:2888:3888
35  server.2=spark02:2888:3888
36  server.3=spark03:2888:3888
```

在文件 2-1 中，第 34～36 行代码用于添加 ZooKeeper 集群中各节点的地址信息，其中第 34 行代码表示唯一标识为 1 的节点运行在主机名为 spark01 的虚拟机 Spark01 上，该节点通过 2888 端口与其他节点进行通信，并且通过 3888 端口进行 Leader 选举。

第 35 行代码表示唯一标识为 2 的节点运行在主机名为 spark02 的虚拟机 Spark02 上，该节点通过 2888 端口与其他节点进行通信，并且通过 3888 端口进行 Leader 选举。

第 36 行代码表示唯一标识为 3 的节点运行在主机名为 spark03 的虚拟机 Spark03 上，该节点通过 2888 端口与其他节点进行通信，并且通过 3888 端口进行 Leader 选举。

5. 创建数据持久化目录

在虚拟机 Spark01、Spark02 和 Spark03 上创建 ZooKeeper 集群进行数据持久化的目录/export/data/zookeeper/zkdata，分别在 3 台虚拟机中执行如下命令。

```
$mkdir -p /export/data/zookeeper/zkdata
```

6. 创建 myid 文件

myid 文件是一个位于数据持久化目录中的纯文本文件，该文件中只包含一个整数，表示 ZooKeeper 集群中不同节点的唯一标识。运行 ZooKeeper 集群的每台服务器都需要创建 myid 文件，其内容与配置文件 zoo.cfg 中各节点的地址信息密切相关。例如，在文件 2-1 中，指定唯一标识为 1 的节点运行在虚拟机 Spark01 上，那么在虚拟机 Spark01

上创建的 myid 文件,其内容必须为 1。

根据文件 2-1 中各节点的地址信息,分别在虚拟机 Spark01、Spark02 和 Spark03 的 /export/data/zookeeper/zkdata 目录中创建 myid 文件,并将相应的值插入文件中,具体内容如下。

(1) 在虚拟机 Spark01 上执行如下命令,创建 myid 文件并将 1 插入文件中。

```
$echo 1 >/export/data/zookeeper/zkdata/myid
```

(2) 在虚拟机 Spark02 上执行如下命令,创建 myid 文件并将 2 插入文件中。

```
$echo 2 >/export/data/zookeeper/zkdata/myid
```

(3) 在虚拟机 Spark03 上执行如下命令,创建 myid 文件并将 3 插到文件中。

```
$echo 3 >/export/data/zookeeper/zkdata/myid
```

7. 配置 ZooKeeper 系统环境变量

为了便于后续使用 ZooKeeper 集群,我们需要在虚拟机中配置 ZooKeeper 的系统环境变量。在虚拟机 Spark01 中执行 vi /etc/profile 命令编辑系统环境变量文件 profile,在该文件的末尾添加以下内容。

```
export ZK_HOME=/export/servers/zookeeper-3.7.0
export PATH=$PATH:$ZK_HOME/bin
```

在系统环境变量文件 profile 中添加上述内容后,保存并退出编辑。然后,初始化虚拟机 Spark01 的系统环境变量,使系统环境变量文件 profile 中修改的内容生效。

8. 分发 ZooKeeper 安装目录

使用 scp 命令将虚拟机 Spark01 中的 ZooKeeper 安装目录分发到虚拟机 Spark02 和 Spark03 的/export/servers 目录中,从而在虚拟机 Spark02 和 Spark03 中完成 ZooKeeper 的安装和配置。在虚拟机 Spark01 上执行下列命令。

```
#将 ZooKeeper 安装目录分发到虚拟机 Spark02 上
$scp -r /export/servers/zookeeper-3.7.0/ root@spark02:/export/servers/
#将 ZooKeeper 安装目录分发到虚拟机 Spark03 上
$scp -r /export/servers/zookeeper-3.7.0/ root@spark03:/export/servers/
```

9. 分发系统环境变量文件

使用 scp 命令将虚拟机 Spark01 的系统环境变量文件 profile 分发到虚拟机 Spark02 和 Spark03 的/etc 目录中,从而在虚拟机 Spark02 和 Spark03 上配置 ZooKeeper 的系统环境变量。在虚拟机 Spark01 上执行下列命令。

```
#将系统环境变量文件 profile 分发到虚拟机 Spark02 上
$scp -r /etc/profile root@spark02:/etc
#将系统环境变量文件 profile 分发到虚拟机 Spark03 上
$scp -r /etc/profile root@spark03:/etc
```

上述命令执行完成后，分别在虚拟机 Spark02 和 Spark03 上执行初始化系统环境变量的命令，使系统环境变量文件 profile 中修改的内容生效。

10. 启动 ZooKeeper 服务

在虚拟机 Spark01、Spark02 和 Spark03 启动 ZooKeeper 服务，分别在 3 台虚拟机中执行如下命令。

```
$zkServer.sh start
```

11. 查看 ZooKeeper 服务运行状态

在虚拟机 Spark01、Spark02 和 Spark03 查看 ZooKeeper 服务的运行状态，分别在 3 台虚拟机中执行如下命令。

```
$zkServer.sh status
```

在虚拟机 Spark01、Spark02 和 Spark03 中执行上述命令的效果如图 2-58 所示。

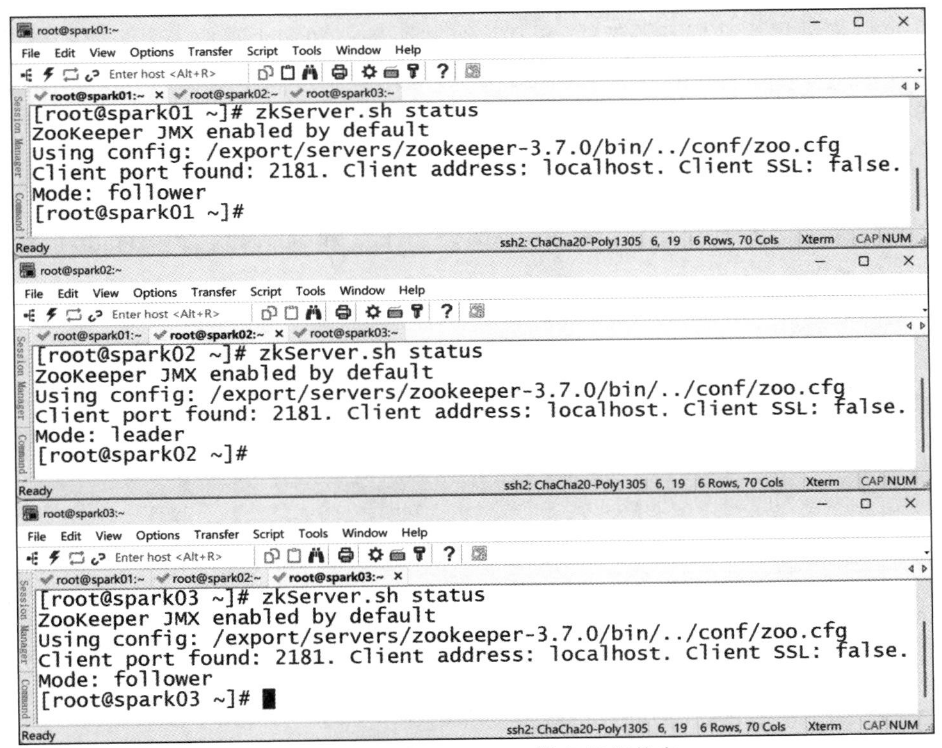

图 2-58 查看 ZooKeeper 服务运行状态

从图 2-58 可以看出，虚拟机 Spark01 和 Spark03 为 ZooKeeper 集群的 Follower 节点，虚拟机 Spark02 为 ZooKeeper 集群的 Leader 节点。除此之外，还可以分别在虚拟机 Spark01、Spark02 和 Spark03 上执行 jps 命令，通过查看当前运行的 Java 进程来确认 ZooKeeper 服务的运行状态。如果虚拟机存在名为 QuorumPeerMain 的 Java 进程，则说明 ZooKeeper 服务运行成功。

至此,我们便完成了在虚拟机 Spark01、Spark02 和 Spark03 上部署 ZooKeeper 集群的相关操作。

注意:

如果需要关闭 ZooKeeper 服务,那么可以在虚拟机 Spark01、Spark02 和 Spark03 上执行 zkServer.sh stop 命令。

2.4 部署 Hadoop 集群

本项目涉及 HBase 的使用,并且基于 Spark on YARN 模式部署 Spark,而这两者均需要 Hadoop 的支持。因此,在部署 HBase 和 Spark 之前,需要先完成 Hadoop 集群的部署。

Hadoop 主要包含 HDFS(分布式文件系统)和 YARN(资源管理系统)两个核心组件,因此,部署 Hadoop 集群的核心在于部署 HDFS 集群和 YARN 集群。HDFS 集群和 YARN 集群都采用主从服务器架构,包括一个主服务器和多个从服务器。HDFS 集群的主服务器被称为 NameNode 节点,从服务器被称为 DataNode 节点。而 YARN 集群的主服务器被称为 ResourceManager 节点,从服务器被称为 NodeManager 节点。另外,在完全分布式模式下,HDFS 集群还提供了一个 SecondaryNameNode 节点来辅助 NameNode 节点。

接下来,将演示如何使用虚拟机 Spark01、Spark02 和 Spark03 部署 Hadoop 集群,具体操作步骤如下。

1. 集群规划

集群规划的主要目的是确定 Hadoop 集群中各个服务所运行的虚拟机。本项目中 Hadoop 集群规划情况如表 2-2 所示。

表 2-2 Hadoop 集群规划情况

虚拟机	NameNode	DataNode	SecondaryNameNode	ResourceManager	NodeManager
Spark01	√			√	
Spark02		√	√		√
Spark03		√			√

针对表 2-2 中 Hadoop 集群各个服务的介绍如下。

- NameNode 负责管理 HDFS 文件系统的命名空间和元数据信息。
- DataNode 负责存储 HDFS 文件系统中文件的数据块。
- SecondaryNameNode 负责周期性地合并 EditLog 和 FsImage 来缩短 NameNode 的启动时间。通常情况下,将 SecondaryNameNode 与 NameNode 部署在不同的虚拟机上。
- ResourceManager 负责 YARN 集群的资源分配和任务调度。

- NodeManager 负责管理本地资源并执行来自 ResourceManager 分配的任务。

2. 上传 Hadoop 安装包

将 Hadoop 安装包 hadoop-3.3.0.tar.gz 上传至虚拟机 Spark01 的目录/export/software 中。

3. 安装 Hadoop

以解压方式将 Hadoop 安装至/export/servers 目录中。在虚拟机 Spark01 的目录/export/software 中执行如下命令。

```
$tar -zxvf hadoop-3.3.0.tar.gz -C /export/servers/
```

此处暂时跳过在其他虚拟机中安装 Hadoop 的操作，后续将通过分发的方式实现。

4. 修改配置文件 hadoop-env.sh

配置文件 hadoop-env.sh 用于定义 Hadoop 运行时的环境变量。在虚拟机 Spark01 的/export/servers/hadoop-3.3.0/etc/hadoop 目录中执行 vi hadoop-env.sh 命令编辑配置文件 hadoop-env.sh，并在文件的末尾添加如下内容。

```
#指定 JDK 的安装目录
export JAVA_HOME=/export/servers/jdk1.8.0_241
#指定运行 NameNode 的用户 root
export HDFS_NAMENODE_USER=root
#指定运行 DataNode 的用户 root
export HDFS_DATANODE_USER=root
#指定运行 SecondaryNameNode 的用户 root
export HDFS_SECONDARYNAMENODE_USER=root
#指定运行 ResourceManager 的用户 root
export YARN_RESOURCEMANAGER_USER=root
#指定运行 NodeManager 的用户 root
export YARN_NODEMANAGER_USER=root
```

在配置文件 hadoop-env.sh 中添加上述内容后，保存并退出编辑。

5. 修改配置文件 core-site.xml

配置文件 core-site.xml 用于定义 Hadoop 的全局配置。在虚拟机 Spark01 的/export/servers/hadoop-3.3.0/etc/hadoop 目录下，执行 vi core-site.xml 命令编辑配置文件 core-site.xml，并在文件的<configuration>标签中添加如下内容。

```
<!--指定 HDFS 的通信地址 -->
<property>
    <name>fs.defaultFS</name>
    <value>hdfs://spark01:9000</value>
</property>
```

```
<!--指定 Hadoop 集群存储临时文件和中间数据的目录/export/data/hadoop/tmp -->
<property>
    <name>hadoop.tmp.dir</name>
    <value>/export/data/hadoop/tmp</value>
</property>
<!--指定 Hadoop 集群的 HTTP 服务使用的静态用户 root -->
<property>
    <name>hadoop.http.staticuser.user</name>
    <value>root</value>
</property>
<!--允许任何主机通过代理用户 root 访问 Hadoop 集群 -->
<property>
    <name>hadoop.proxyuser.root.hosts</name>
    <value>*</value>
</property>
<!--允许任何用户组的用户通过代理用户 root 访问 Hadoop 集群 -->
<property>
    <name>hadoop.proxyuser.root.groups</name>
    <value>*</value>
</property>
```

6. 修改配置文件 hdfs-site.xml

配置文件 hdfs-site.xml 用于配置 HDFS 的参数。在虚拟机 Spark01 的/export/servers/hadoop-3.3.0/etc/hadoop 目录下,执行 vi hdfs-site.xml 命令编辑配置文件 hdfs-site.xml,并在文件的<configuration>标签中添加如下内容。

```
<!--指定 HDFS 的副本数为 2 -->
<property>
    <name>dfs.replication</name>
    <value>2</value>
</property>
<!--指定 NameNode 的数据存储目录 -->
<property>
    <name>dfs.namenode.name.dir</name>
    <value>/export/data/hadoop/namenode</value>
</property>
<!--指定 DataNode 的数据存储目录 -->
<property>
    <name>dfs.datanode.data.dir</name>
    <value>/export/data/hadoop/datanode</value>
</property>
<!--指定 NameNode 存储检查点(checkpoint)的目录 -->
```

```
<property>
    <name>dfs.namenode.checkpoint.dir</name>
    <value>/export/data/hadoop/secondarynamenode</value>
</property>
<!--指定 SecondaryNameNode 服务的通信地址 -->
<property>
    <name>dfs.namenode.secondary.http-address</name>
    <value>spark02:9868</value>
</property>
```

在配置文件 hdfs-site.xml 中添加上述内容后,保存并退出编辑。

7. 修改配置文件 mapred-site.xml

配置文件 mapred-site.xml 用于配置 MapReduce 的参数。在虚拟机 Spark01 的/export/servers/hadoop-3.3.0/etc/hadoop/目录中,执行 vi mapred-site.xml 命令编辑配置文件 mapred-site.xml,并在文件的<configuration>标签中添加如下内容。

```
<!--指定在 YARN 中运行 MapReduce-->
<property>
    <name>mapreduce.framework.name</name>
    <value>yarn</value>
</property>
```

在配置文件 mapred-site.xml 中添加上述内容后,保存并退出编辑。

8. 修改配置文件 yarn-site.xml

配置文件 yarn-site.xml 用于配置 YARN 的参数。在虚拟机 Spark01 的/export/servers/hadoop-3.3.0/etc/hadoop 目录下,执行 vi yarn-site.xml 命令编辑配置文件 yarn-site.xml,并在文件的<configuration>标签中添加如下内容。

```
<!--指定 ResourceManager 所在虚拟机的主机名-->
<property>
    <name>yarn.resourcemanager.hostname</name>
    <value>spark01</value>
</property>
<!--指定 NodeManager 启动并支持 MapReduce 的 Shuffle 服务-->
<property>
    <name>yarn.nodemanager.aux-services</name>
    <value>mapreduce_shuffle</value>
</property>
```

在配置文件 yarn-site.xml 中添加上述内容后,保存并退出编辑。

9. 修改配置文件 workers

配置文件 workers 用于指定 HDFS 和 YARN 集群中运行的从服务器。在虚拟机

Spark01 的/export/servers/hadoop-3.3.0/etc/hadoop/目录,执行 vi workers 命令编辑配置文件 workers,并将该文件默认的内容修改为如下内容。

```
spark02
spark03
```

配置文件 workers 中的内容修改为上述内容后,保存并退出编辑。

10. 配置 Hadoop 系统环境变量

为了方便后续使用 Hadoop 集群,我们需要在虚拟机上配置 Hadoop 的系统环境变量。在虚拟机 Spark01 的/etc 目录中,使用 vi 编辑器编辑系统环境变量文件 profile,并在文件的末尾添加如下内容。

```
export HADOOP_HOME=/export/servers/hadoop-3.3.0
export PATH=$PATH:$HADOOP_HOME/bin:$HADOOP_HOME/sbin
```

在系统环境变量文件 profile 中添加上述内容后,保存并退出编辑。然后,初始化虚拟机 Spark01 的系统环境变量,使系统环境变量文件 profile 中修改的内容生效。

11. 分发 Hadoop 安装目录

使用 scp 命令将虚拟机 Spark01 中的 Hadoop 安装目录分发到虚拟机 Spark02 和 Spark03 的/export/servers 目录中,从而在虚拟机 Spark02 和 Spark03 中完成 Hadoop 的安装和配置。在虚拟机 Spark01 上执行下列命令。

```
#将 Hadoop 安装目录分发到虚拟机 Spark02 上
$scp -r /export/servers/hadoop-3.3.0 root@spark02:/export/servers/
#将 Hadoop 安装目录分发到虚拟机 Spark03 上
$scp -r /export/servers/hadoop-3.3.0 root@spark03:/export/servers/
```

12. 分发系统环境变量文件

使用 scp 命令将虚拟机 Spark01 中的系统环境变量文件 profile 分发到虚拟机 Spark02 和 Spark03 的/etc 目录,从而在虚拟机 Spark02 和 Spark03 中配置 Hadoop 的系统环境变量。在虚拟机 Spark01 中执行下列命令。

```
#将系统环境变量文件 profile 分发到虚拟机 Spark02 上
$scp /etc/profile root@spark02:/etc
#将系统环境变量文件 profile 分发到虚拟机 Spark03 上
$scp /etc/profile root@spark03:/etc
```

上述命令执行完成后,分别在虚拟机 Spark02 和 Spark03 上执行初始化系统环境变量的命令,使系统环境变量文件 profile 中修改的内容生效。

13. 启动 Hadoop 集群

初次启动 Hadoop 集群前,必须执行格式化 HDFS 文件系统的操作。在 NameNode 节点所在的虚拟机 Spark01 上执行如下命令格式化 HDFS 文件系统。

```
$hdfs namenode -format
```

上述命令执行完成后的效果如图 2-59 所示。

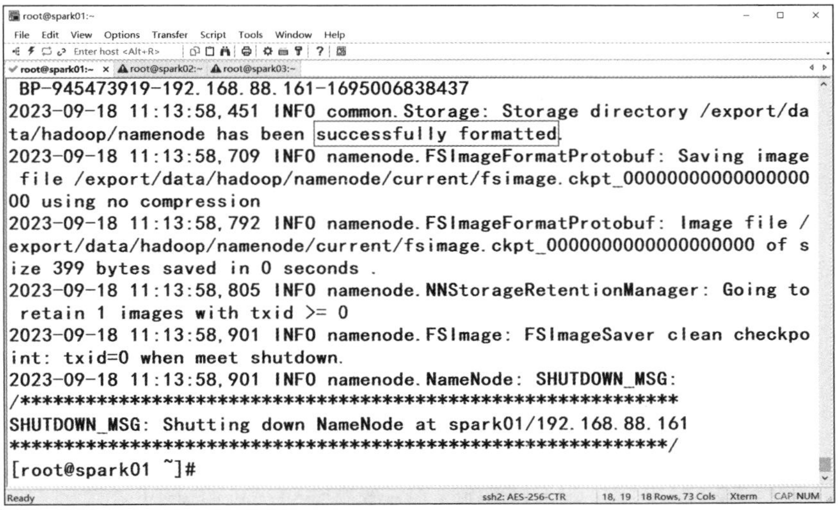
root@spark01:~
File Edit View Options Transfer Script Tools Window Help
Enter host <Alt+R>
root@spark01:~ root@spark02:~ root@spark03:~
BP-945473919-192.168.88.161-1695006838437
2023-09-18 11:13:58,451 INFO common.Storage: Storage directory /export/data/hadoop/namenode has been successfully formatted.
2023-09-18 11:13:58,709 INFO namenode.FSImageFormatProtobuf: Saving image file /export/data/hadoop/namenode/current/fsimage.ckpt_0000000000000000000 using no compression
2023-09-18 11:13:58,792 INFO namenode.FSImageFormatProtobuf: Image file /export/data/hadoop/namenode/current/fsimage.ckpt_0000000000000000000 of size 399 bytes saved in 0 seconds .
2023-09-18 11:13:58,805 INFO namenode.NNStorageRetentionManager: Going to retain 1 images with txid >= 0
2023-09-18 11:13:58,901 INFO namenode.FSImage: FSImageSaver clean checkpoint: txid=0 when meet shutdown.
2023-09-18 11:13:58,901 INFO namenode.NameNode: SHUTDOWN_MSG:
/**
SHUTDOWN_MSG: Shutting down NameNode at spark01/192.168.88.161
**/
[root@spark01 ~]#
Ready
ssh2: AES-256-CTR
18, 19 18 Rows, 73 Cols Xterm CAP NUM

图 2-59 初始化 NameNode

从图 2-59 中可以看出，执行格式化 HDFS 文件系统的命令后，显示了"successfully formatted."的提示信息，说明成功格式化 HDFS 文件系统。需要注意的是，格式化 HDFS 文件系统的操作只需要在初次启动 Hadoop 集群之前执行。

HDFS 文件系统格式化完成后，可以通过 Hadoop 提供的一键启动脚本 start-dfs.sh 和 start-yarn.sh 分别启动 HDFS 集群和 YARN 集群。在虚拟机 Spark01 执行下列命令。

```
$start-dfs.sh
$start-yarn.sh
```

上述命令执行完成后，分别在虚拟机 Spark01、Spark02 和 Spark03 上执行 jps 命令查看当前运行的 Java 进程，如图 2-60 所示。

从图 2-60 中可以看出，虚拟机 Spark01 运行着名为 NameNode 和 ResourceManager 的进程。虚拟机 Spark02 运行着名为 SecondaryNameNode、DataNode 和 NodeManager 的进程。虚拟机 Spark03 运行着名为 DataNode 和 NodeManager 的进程。因此说明，成功启动 YARN 集群和 HDFS 集群。

至此，便完成了部署 Hadoop 集群的操作。

小提示：

若需要关闭 YARN 集群和 HDFS 集群，那么可以在虚拟机 Spark01 上分别执行 start-dfs.sh 和 start-yarn.sh 命令。

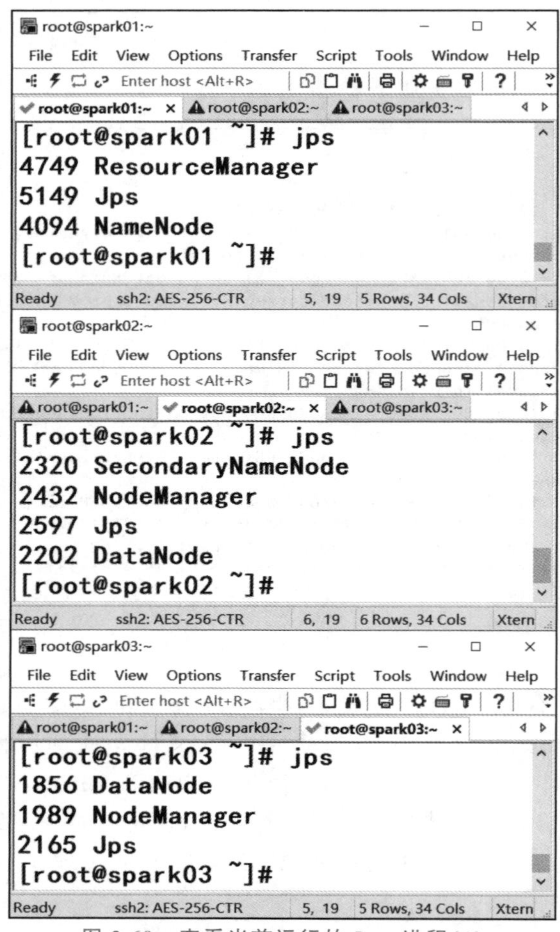

图 2-60 查看当前运行的 Java 进程(1)

2.5 部署 Spark

Spark 是一个快速、通用的分布式计算引擎,它支持多种部署模式,包括 Standalone、Spark on YARN 等。在实际生产环境中,Spark 通常与 Hadoop 部署在同一集群环境中,为了提高集群环境的资源利用率,并充分利用 YARN 集群的高效资源分配功能,通常会选择基于 Spark on YARN 模式进行 Spark 的部署。

Spark on YARN 模式是一种利用 YARN 集群运行 Spark 程序的部署模式,它的原理是将 Spark 作为一个客户端,向 YARN 集群提交应用程序。因此,使用 Spark on YARN 模式部署 Spark 时,只需在一台虚拟机上安装 Spark 即可。

在本项目中,将使用虚拟机 Spark01 部署 Spark,具体操作步骤如下。

1. 上传 Spark 安装包

将 Spark 安装包 spark-3.3.0-bin-hadoop3.tgz 上传至虚拟机 Spark01 的目录

/export/software 中。

2. 安装 Spark

以解压方式将 Spark 安装至/export/servers 目录中。在虚拟机 Spark01 的目录/export/software 中执行如下命令。

```
$tar -zxvf spark-3.3.0-bin-hadoop3.tgz -C /export/servers/
```

上述命令执行完成后，在虚拟机 Spark01 的/export/servers 中目录会看到一个名称为 spark-3.3.0-bin-hadoop3 的文件夹。为了便于后续使用 Spark，这里将 Spark 的安装目录重命名为 spark-3.3.0，在虚拟机 Spark01 的/export/servers 目录中执行如下命令。

```
$mv spark-3.3.0-bin-hadoop3/ spark-3.3.0
```

3. 创建 Spark 的配置文件

Spark 默认未提供用户可编辑的配置文件，而是提供了一些模板文件供用户参考。在本项目中，我们主要关注 Spark 的运行环境配置，因此可通过复制名为 spark-env.sh.template 的模板文件，并将其重命名为 spark-env.sh，从而创建用于配置运行环境的 Spark 配置文件 spark-env.sh。

在虚拟机 Spark01 中，进入存放 Spark 配置文件的目录/export/servers/spark-3.3.0/conf，复制该目录中的模板文件 spark-env.sh.template 并将其重命名为 spark-env.sh，具体命令如下。

```
$cp spark-env.sh.template spark-env.sh
```

上述命令执行完成后，将会在/export/servers/spark-3.3.0/conf 目录中生成 Spark 的配置文件 spark-env.sh。

4. 修改 Spark 的配置文件

在虚拟机 Spark01 的目录/export/servers/spark-3.3.0/conf 中，执行 vi spark-env.sh 命令编辑 Spark 的配置文件 spark-env.sh，在该文件的末尾添加如下内容。

```
export JAVA_HOME=${JAVA_HOME}
export HADOOP_CONF_DIR=/export/servers/hadoop-3.3.0/etc/hadoop/
```

上述内容用于在 Spark 的运行环境中指定 JDK 安装目录和 Hadoop 配置文件目录。在配置文件 spark-env.sh 中添加上述内容后，保存并退出编辑。

5. 配置 Spark 系统环境变量

为了方便后续使用 Spark，我们需要在虚拟机 Spark01 上配置 Spark 的系统环境变量。在虚拟机 Spark01 的/etc 目录中，使用 vi 编辑器编辑系统环境变量文件 profile，并在文件的末尾添加如下内容。

```
export SPARK_HOME=/export/servers/spark-3.3.0
export PATH=$PATH:$SPARK_HOME/bin
```

在系统环境变量文件 profile 中添加上述内容后,保存并退出编辑。然后,初始化虚拟机 Spark01 的系统环境变量,使系统环境变量文件 profile 中修改的内容生效。

6. 验证 Spark 是否部署成功

为了验证基于 Spark on YARN 模式部署 Spark 是否成功,可以将 Spark 程序提交到 YARN 集群运行。这里使用了 Spark 官方提供的一个用于计算圆周率(π)的 Spark 程序作为测试程序。在虚拟机 Spark01 上执行如下命令。

```
$spark-submit \
--class org.apache.spark.examples.SparkPi \
--master yarn \
--deploy-mode client \
--driver-memory 2g \
--executor-memory 1g \
--executor-cores 1 \
/export/servers/spark-3.3.0/examples/jars/spark-examples_2.12-3.3.0.jar \
10
```

上述命令使用 spark-submit 命令将 Spark 程序提交到 YARN 集群运行,该命令中各个参数的介绍如下。

- --class org.apache.spark.examples.SparkPi:指定 Spark 程序的入口类。
- --master yarn:指定将 Spark 程序提交到 YARN 集群。
- --deploy-modeclient:指定 Spark 程序的运行模式为 Client。
- --driver-memory 2g:指定 Driver 的可用内存为 2GB。
- --executor-memory 1g:指定每个 Executor 的可用内存为 1GB。
- --executor-cores 1:指定每个 Executor 使用的 CPU 核数为 1。
- 10:指定 Spark 程序的参数,表示计算圆周率的迭代次数为 10。

上述命令执行完成后,可以在浏览器中输入 http://192.168.88.161:8088 访问 YARN Web UI,查看 Spark 程序是否提交到 YARN 集群,如图 2-61 所示。

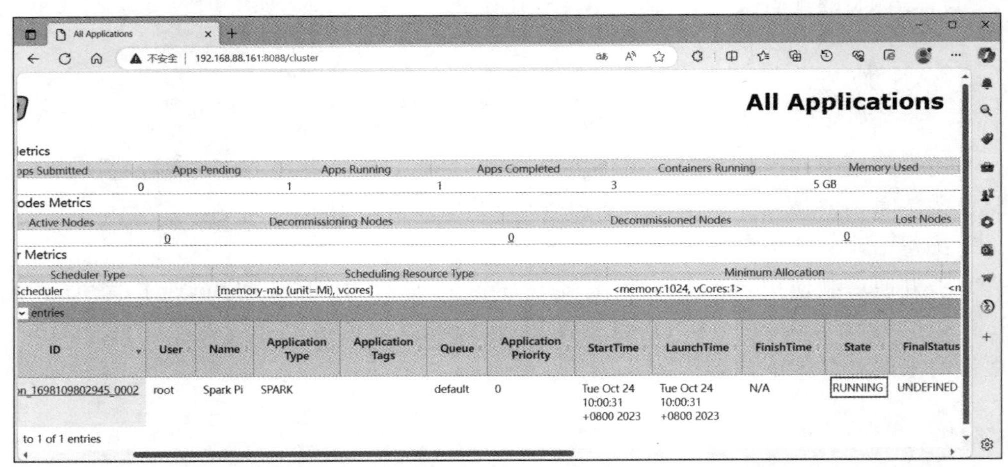

图 2-61　YARN Web UI

从图 2-61 中可以看出，YARN 集群中存在一个名为 Spark Pi 的应用程序正在运行（RUNNING），其类型（Application Type）为 SPARK，说明成功将 Spark 程序提交到 YARN 集群运行。当 Spark 程序运行完成后会输出圆周率的计算结果，如图 2-62 所示。

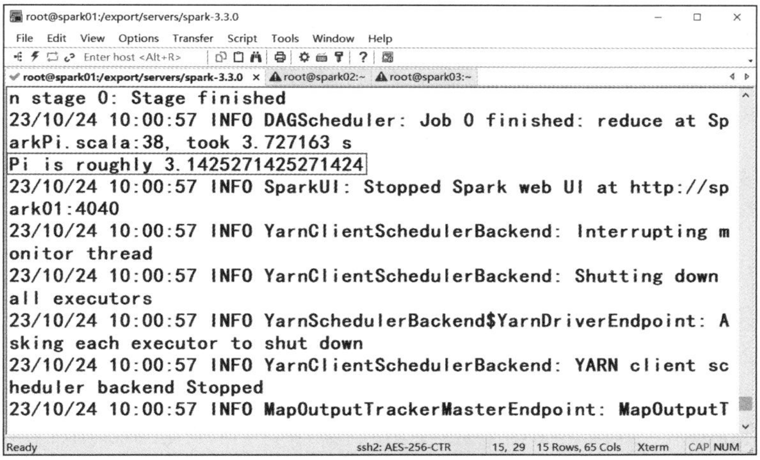
root@spark01:/export/servers/spark-3.3.0
File Edit View Options Transfer Script Tools Window Help
Enter host <Alt+R>
root@spark01:/export/servers/spark-3.3.0
root@spark02:~
root@spark03:~
n stage 0: Stage finished
23/10/24 10:00:57 INFO DAGScheduler: Job 0 finished: reduce at SparkPi.scala:38, took 3.727163 s
Pi is roughly 3.1425271425271424
23/10/24 10:00:57 INFO SparkUI: Stopped Spark web UI at http://spark01:4040
23/10/24 10:00:57 INFO YarnClientSchedulerBackend: Interrupting monitor thread
23/10/24 10:00:57 INFO YarnClientSchedulerBackend: Shutting down all executors
23/10/24 10:00:57 INFO YarnSchedulerBackend$YarnDriverEndpoint: Asking each executor to shut down
23/10/24 10:00:57 INFO YarnClientSchedulerBackend: YARN client scheduler backend Stopped
23/10/24 10:00:57 INFO MapOutputTrackerMasterEndpoint: MapOutputT
Ready
ssh2: AES-256-CTR
15, 29
15 Rows, 65 Cols
Xterm
CAP NUM
图 2-62　圆周率的计算结果

从图 2-62 中可以看出，圆周率的计算结果为 3.1425271425271424。需要说明的是，由于 Spark 官方提供计算圆周率的 Spark 程序使用蒙特卡洛方法，所以每次运行 Spark 程序时圆周率的计算结果都会有一些微小的差异。

2.6　部署 HBase 集群

HBase 是基于 Hadoop 构建的分布式、面向列的非关系数据库，它具备灵活的部署特性，支持独立模式、伪分布式模式和完全分布式模式的部署方式。考虑 HBase 的实际应用需求，本项目采用完全分布式模式来部署 HBase 集群。

HBase 集群采用主从服务器架构，包括一个主服务器和多个从服务器。主服务器被称为 Master 节点，负责整个 HBase 集群的管理和调度。从服务器被称为 RegionServer 节点，负责处理客户端的读写请求。在实际应用场景中，RegionServer 节点通常与 HDFS 集群的 DataNode 节点部署在同一台服务器上，以实现数据本地化。

在本项目中，将指定虚拟机 Spark01 作为 HBase 集群的 Master 节点，虚拟机 Spark02 和 Spark03 作为 HBase 集群的 RegionServer 节点。接下来，将演示如何使用虚拟机 Spark01、Spark02 和 Spark03 部署 HBase 集群，具体操作步骤如下。

1. 上传 HBase 安装包

将 HBase 安装包 hbase-2.4.9-bin.tar.gz 上传至虚拟机 Spark01 的目录/export/software 中。

2. 安装 HBase

以解压方式将 HBase 安装至/export/servers 目录中。在虚拟机 Spark01 的目录/export/software 中执行如下命令。

```
$tar -zxvf hbase-2.4.9-bin.tar.gz -C /export/servers/
```

此处暂时跳过在其他虚拟机中安装 HBase 的操作,后续将通过分发的方式实现。

3. 修改配置文件 hbase-env.sh

HBase 的配置文件 hbase-env.sh 主要用于配置 HBase 的运行环境。进入虚拟机 Spark01 的/export/servers/hbase-2.4.9/conf 目录,执行 vi hbase-env.sh 命令编辑配置文件 hbase-env.sh,在文件的尾部添加如下内容。

```
export JAVA_HOME=/export/servers/jdk1.8.0_241
export HBASE_MANAGES_ZK=false
```

上述内容用于指定 HBase 不使用内置的 ZooKeeper,以及在 HBase 的运行环境中指定 JDK 安装目录。在配置文件 hbase-env.sh 中添加上述内容后,保存并退出编辑。

4. 修改配置文件 hbase-site.xml

HBase 的配置文件 hbase-site.xml 主要用于配置 HBase 的参数。进入虚拟机 Spark01 的/export/servers/hbase-2.4.9/conf 目录中,执行 vi hbase-site.xml 命令编辑配置文件 hbase-site.xml,将该文件的<configuration>标签中的默认配置替换为如下内容。

```
<!--指定 HBase 集群的数据存储目录-->
<property>
    <name>hbase.rootdir</name>
    <value>hdfs://spark01:9000/hbase</value>
 </property>
<!--指定 HBase 集群以分布式模式运行-->
 <property>
    <name>hbase.cluster.distributed</name>
    <value>true</value>
 </property>
<!--指定 ZooKeeper 集群地址-->
 <property>
    <name>hbase.zookeeper.quorum</name>
    <value>spark01:2181,spark02:2181,spark03:2181</value>
 </property>
<!--指定 HBase 集群使用文件系统来存储预写日志(WAL)-->
<property>
    <name>hbase.wal.provider</name>
    <value>filesystem</value>
</property>
```

在配置文件 hbase-site.xml 中添加上述内容后,保存并退出编辑。

5. 修改配置文件 regionservers

HBase 的配置文件 regionservers 用于通过主机名指定作为 RegionServer 节点的计

算机。由于在本项目中,将虚拟机Spark02和Spark03作为RegionServer节点,所以需要将文件regionservers中的默认内容修改为如下内容。

```
spark02
spark03
```

配置文件regionservers中的内容修改为上述内容后,保存并退出编辑。

6. 配置HBase系统环境变量

为了方便后续使用HBase集群,我们需要在虚拟机中配置HBase的系统环境变量。在虚拟机Spark01的/etc目录中,使用vi编辑器编辑系统环境变量文件profile,并在文件的末尾添加如下内容。

```
export HBASE_HOME=/export/servers/hbase-2.4.9
export PATH=$PATH:$HBASE_HOME/bin
```

在系统环境变量文件profile中添加上述内容后,保存并退出编辑。然后,初始化虚拟机Spark01的系统环境变量,使系统环境变量文件profile中修改的内容生效。

7. 分发HBase安装目录

使用scp命令将虚拟机Spark01中的HBase安装目录分发到虚拟机Spark02和Spark03的/export/servers目录中,从而在虚拟机Spark02和Spark03上完成HBase的安装和配置。在虚拟机Spark01上执行下列命令。

```
#将HBase安装目录分发至虚拟机Spark02上
$scp -r /export/servers/hbase-2.4.9/ root@spark02:/export/servers/
#将HBase安装目录分发至虚拟机Spark03上
$scp -r /export/servers/hbase-2.4.9/ root@spark03:/export/servers/
```

8. 分发系统环境变量文件

使用scp命令将虚拟机Spark01中的系统环境变量文件profile分发到虚拟机Spark02和Spark03的/etc目录中,从而在虚拟机Spark02和Spark03上配置HBase的系统环境变量。在虚拟机Spark01中执行下列命令。

```
#将系统环境变量文件profile分发到虚拟机Spark02上
$scp /etc/profile root@spark02:/etc
#将系统环境变量文件profile分发到虚拟机Spark03上
$scp /etc/profile root@spark03:/etc
```

上述命令执行完成后,分别在虚拟机Spark02和Spark03上执行初始化系统环境变量的命令,使系统环境变量文件profile中修改的内容生效。

9. 启动HBase集群

通过HBase提供的一键启动脚本start-hbase.sh启动HBase集群。确保Hadoop和ZooKeeper集群处于启动状态下,在虚拟机Spark01上执行如下命令。

```
$start-hbase.sh
```

上述命令执行完成后,分别在虚拟机 Spark01、Spark02 和 Spark03 上执行 jps 命令查看当前运行的 Java 进程,如图 2-63 所示。

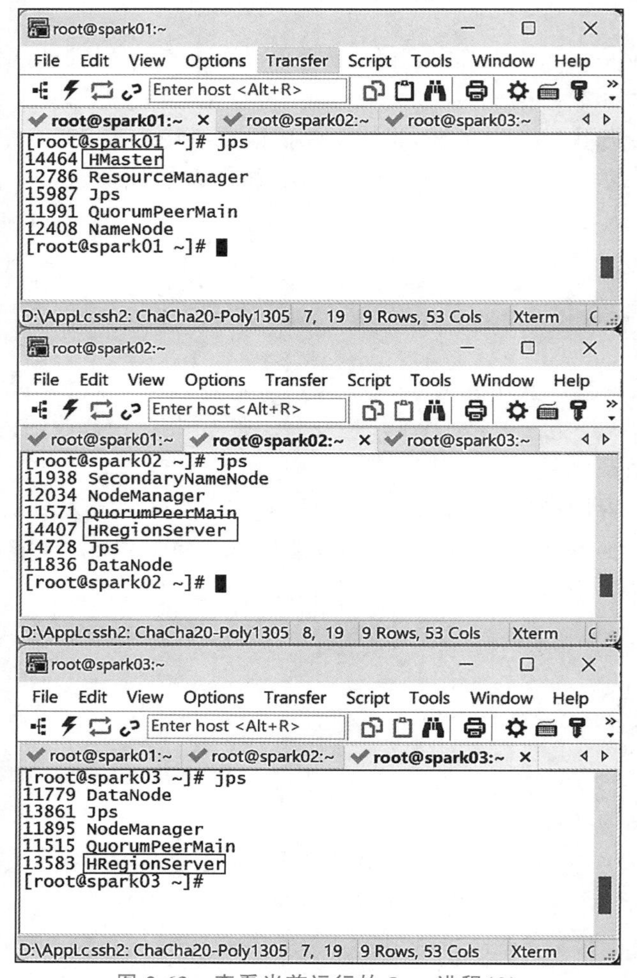

图 2-63 查看当前运行的 Java 进程(2)

在图 2-63 中,虚拟机 Spark01 运行着名为 HMaster 的 Java 进程,说明虚拟机 Spark01 为 HBase 集群的 Master 节点。虚拟机 Spark02 和 Spark03 运行着名为 HRegionServer 的 Java 进程,说明虚拟机 Spark02 和 Spark03 为 HBase 集群的 RegionServer 节点。

至此,便完成了部署 HBase 集群的操作。

小提示:

若需要关闭 HBase 集群,则可以在虚拟机 Spark01 上执行 stop-hbase.sh 命令。

2.7 部署 Kafka 集群

Kafka是一种高吞吐量的分布式发布订阅消息系统，广泛应用于实时处理的场景，用于构建数据收集和传输的数据管道。Kafka可以在单台计算机上部署为单机模式，也可以在多台计算机上部署为集群模式。考虑Kafka的实际应用需要，本项目采用集群模式，在虚拟机Spark01、Spark02和Spark03上部署Kafka集群，具体操作步骤如下。

1. 上传Kafka安装包

将Kafka安装包kafka_2.12-3.2.1.tgz上传至虚拟机Spark01的目录/export/software中。

2. 安装Kafka

以解压方式将Kafka安装至目录/export/servers中。在虚拟机Spark01的目录/export/software中执行如下命令中。

```
$tar -zxvf kafka_2.12-3.2.1.tgz -C /export/servers/
```

此处暂时跳过在其他虚拟机中安装Kafka的操作，后续将通过分发的方式实现。

3. 修改配置文件server.properties

server.properties是Kafka的核心配置文件，主要用于对Kafka服务进行相关配置。进入虚拟机Spark01的目录/export/servers/kafka_2.12-3.2.1/config，执行vi server.properties命令编辑配置文件server.properties，在该文件中分别对参数broker.id、log.dirs和zookeeper.connect的值进行修改，具体内容如下。

```
#指定Kafka集群中每个Kafka服务的唯一标识,该标识必须大于或等于0
broker.id=0
#指定Kafka存储日志文件的目录
log.dirs=/export/data/kafka
#指定ZooKeeper集群的地址
zookeeper.connect=spark01:2181,spark02:2181,spark03:2181
```

在配置文件server.properties中对参数broker.id、log.dirs和zookeeper.connect的值进行修改后，保存并退出编辑。需要说明的是，本项目在虚拟机Spark01、Spark02和Spark03上部署Kafka集群。为确保这三台虚拟机上运行的Kafka服务具有不同的唯一标识，我们分别指定虚拟机Spark01、Spark02和Spark03中Kafka服务的唯一标识为0、1和2。

4. 配置Kafka系统环境变量

为了方便后续使用Kafka集群，我们需要在虚拟机中配置Kafka的系统环境变量。在虚拟机Spark01的/etc目录中，使用vi编辑器编辑系统环境变量文件profile，并在文件的末尾添加如下内容。

```
export KAFKA_HOME=/export/servers/kafka_2.12-3.2.1
export PATH=:$PATH:$KAFKA_HOME/bin
```

在系统环境变量文件 profile 中添加上述内容后，保存并退出编辑。然后，初始化虚拟机 Spark01 的系统环境变量，使系统环境变量文件 profile 中修改的内容生效。

5. 分发 Kafka 安装目录

使用 scp 命令将虚拟机 Spark01 上的 Kafka 安装目录分发到虚拟机 Spark02 和 Spark03 的/export/servers 目录中，从而在虚拟机 Spark02 和 Spark03 上完成 Kafka 的安装和配置。在虚拟机 Spark01 中执行下列命令。

```
#将 Kafka 安装目录分发至虚拟机 Spark02 上
$scp -r /export/servers/kafka_2.12-3.2.1/ root@spark02:/export/servers/
#将 Kafka 安装目录分发至虚拟机 Spark03 上
$scp -r /export/servers/kafka_2.12-3.2.1/ root@spark03:/export/servers/
```

上述命令执行完成后，在虚拟机 Spark02 上编辑配置文件 server.properties，将参数 broker.id 的值修改为 1。然后，在虚拟机 Spark03 上编辑配置文件 server.properties，将参数 broker.id 的值修改为 2。

6. 分发系统环境变量文件

使用 scp 命令将虚拟机 Spark01 中的系统环境变量文件 profile 分发到虚拟机 Spark02 和 Spark03 的/etc 目录中，从而在虚拟机 Spark02 和 Spark03 上配置 Kafka 的系统环境变量。在虚拟机 Spark01 上执行下列命令。

```
#将系统环境变量文件 profile 分发至虚拟机 Spark02 上
$scp /etc/profile root@spark02:/etc
#将系统环境变量文件 profile 分发至虚拟机 Spark03 上
$scp /etc/profile root@spark03:/etc
```

上述命令执行完成后，分别在虚拟机 Spark02 和 Spark03 上执行初始化系统环境变量的命令，使系统环境变量文件 profile 中修改的内容生效。

7. 启动 Kafka 集群

确保 ZooKeeper 集群处于启动状态，分别在虚拟机 Spark01、Spark02 和 Spark03 的/export/servers/kafka_2.12-3.2.1/config 目录中执行如下命令启动 Kafka 服务。

```
$kafka-server-start.sh server.properties &
```

上述命令执行完成后，当启动信息停止输出，并显示与“[KafkaServer ...] started”相似的信息时，说明 Kafka 服务启动成功。此时，可以按 Enter 键跳出启动信息继续操作虚拟机。当 Kafka 服务成功后，会在当前虚拟机上启动一个名为 Kafka 的 Java 进程，读者可以在虚拟机中执行 jps 命令进行查看。

至此，便完成了部署 Kafka 集群的操作。

小提示：

如果需要关闭 Kafka 服务，可以通过执行 jps 命令查看 Kafka 的进程号，然后根据实际的进程号执行“kill -9 进程号”命令关闭 Kafka 服务。例如，若 Kafka 的进程号为 10023，则需要在虚拟机中执行“kill -9 10023”命令关闭 Kafka 服务。

2.8 本章小结

本章主要讲解了搭建大数据集群环境的相关内容。首先，介绍了基础环境搭建，包括创建虚拟机、安装 Linux 操作系统、克隆虚拟机等。然后，介绍了 JDK 的安装。最后，分别介绍了 ZooKeeper 集群、Hadoop 集群、Spark、HBase 集群和 Kafka 集群的部署。通过本章的学习，读者可以掌握大数据集群环境的搭建，为后续基于大数据集群环境实现项目需求奠定基础。

第3章

热门品类Top10分析

学习目标

- 了解数据集分析，能够描述用户行为数据中包含的信息；
- 熟悉实现思路分析，能够描述热门品类 Top10 分析的实现思路；
- 掌握实现热门品类 Top10 分析，能够编写用于实现热门品类 Top10 分析的 Spark 程序；
- 掌握运行 Spark 程序，能够将 Spark 程序提交到 YARN 集群运行。

品类是指商品所属的分类，例如服装、电子产品、图书等。进行热门品类 Top10 分析的目的在于从用户行为数据中挖掘出排名前 10 的最受用户喜爱的品类。通过对热门品类的了解，企业可以调整其销售策略，提高对这些品类的投入，优化促销活动，从而更好地满足消费者需求，提高销售额。本章将讲解如何对电商网站的用户行为数据进行分析，从而统计出排名前 10 的品类。

3.1 数据集分析

热门品类 Top10 分析使用的数据集为某电商网站在 2022 年 11 月产生的用户行为数据，这些数据存储在文件 user_session.txt 中，该文件的每一行数据都记录了商品和用户相关的特定行为。下面，以文件 user_session.txt 中的一条用户行为数据为例进行详细分析，具体内容如下。

```
{"user_session":"000007b4-6d31-4590-b88f-0f68d1cee73c","event_type":"
view","category_id":"2053013554415534427","user_id":"572115980","product_
id":"1801873","address_name":"NewYork","event_time":"2022-11-16 08:12:52"}
```

从上述内容中可以看出，文件 user_session.txt 中的每一条用户行为数据都以 JSON 对象的形式存在，该对象包含多个键值对，每个键值对代表着不同的信息。下面，通过解读这些键，介绍用户行为数据中各项信息的含义。

- user_session：表示用户行为的唯一标识。
- event_type：表示用户行为的类型，包括 view(查看)、cart(加入购物车)和 purchase(购买)。

- category_id：表示品类的唯一标识。
- user_id：表示用户的唯一标识。
- product_id：表示商品的唯一标识。
- address_name：表示产生用户行为的区域。
- event_time：表示产生用户行为的时间。

3.2 实现思路分析

实现热门品类 Top10 分析的核心在于统计不同品类的商品被查看、加入购物车和购买的次数，然后按照特定排序规则对统计结果进行处理，以获取排名前 10 的热门品类。在本项目中，实现热门品类 Top10 分析的排序规则如下。首先，根据不同品类的商品被查看的次数进行降序排序；然后，根据不同品类的商品被加入购物车的次数进行降序排序；最后，根据不同品类的商品被购买的次数进行降序排序。下面，通过图 3-1 详细描述本项目中热门品类 Top10 分析的实现思路。

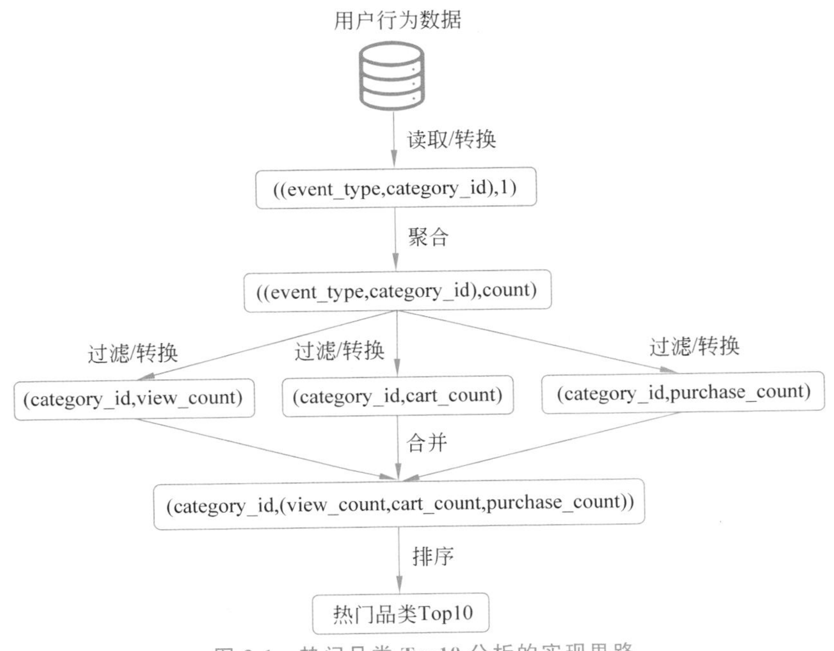

图 3-1 热门品类 Top10 分析的实现思路

针对热门品类 Top10 分析的实现思路进行如下讲解。

- 读取/转换：读取用户行为数据，提取其中的用户行为类型(event_type)和品类唯一标识(category_id)。为了便于后续统计不同品类的商品被查看、加入购物车和购买的次数，我们将提取的数据转换为元组。元组的第一个元素包含用户行为类型和品类唯一标识，第二个元素为 1，用于标识当前品类的商品被查看、加入购物车或购买的次数。

- 聚合：统计不同品类的商品被查看、加入购物车和购买的次数，并生成新的元组。该元组的第一个元素包含用户行为类型和品类唯一标识，第二个元素为当前品类的商品被查看、加入购物车或购买的次数的统计结果(count)。
- 过滤/转换：为了方便后续识别不同品类商品在不同用户行为下的统计结果，我们根据用户行为类型将聚合结果划分为三部分。这样，我们可以分别得到各品类商品被查看、加入购物车和购买次数的统计结果。接着，我们对过滤得到的结果进行转换，生成新的元组。该元组的第一个元素为品类唯一标识，第二个元素为当前品类的商品被查看(view_count)、加入购物车(cart_count)或购买(purchase_count)的次数的统计结果。
- 合并：根据商品的唯一标识对过滤/转换得到的三部分数据进行合并，生成新的元组。该元组的第一个元素为商品的唯一标识；第二个元素包含当前品类的商品被查看、加入购物车和购买的次数的统计结果。
- 排序：根据排序规则对合并结果进行降序排序，并获取排序结果的前 10 行数据，从而得到热门品类 Top10。

3.3 实现热门品类 Top10 分析

3.3.1 环境准备

在进行某项事务前，充足的准备能够使我们更好地发挥自己的潜力，提高自身能力和素质。这包括深入了解相关知识，积累相关经验，以及适时地进行规划。通过充分准备，我们能够为自己创造更多机会，增加成功的可能性，并提高对事务的把控能力和执行效果。

本项目主要使用 Scala 语言在集成开发工具 IntelliJ IDEA 中实现 Spark 程序。在开始实现 Spark 程序之前，需要在本计算机中安装 JDK 和 Scala 并配置系统环境变量，以及在 IntelliJ IDEA 中安装 Scala 插件、创建项目和导入依赖。关于安装 JDK 和 Scala 并配置系统环境变量的操作读者可参考本书提供的补充文档。接下来，主要以 IntelliJ IDEA 中执行的一系列相关操作进行讲解，具体内容如下。

1. 安装 Scala 插件

默认情况下，IntelliJ IDEA 并不支持 Scala 语言。因此，在集成开发工具 IntelliJ IDEA 中使用 Scala 语言实现 Spark 程序前，需要通过安装 Scala 插件来添加相应的支持。接下来，将讲解如何在 IntelliJ IDEA 中安装 Scala 插件，具体操作步骤如下。

(1) 打开 IntelliJ IDEA，进入 Welcome to IntelliJ IDEA 界面，如图 3-2 所示。

(2) 在图 3-2 所示界面中，单击 Plugins 选项，在对话框中部的搜索栏内输入 Scala，搜索 Scala 相关插件，如图 3-3 所示。

需要说明的是，如果读者在打开 IntelliJ IDEA 时，直接进入具体项目的界面，那么可以在 IntelliJ IDEA 的工具栏中依次单击 File、Settings 选项打开 Settings 对话框，在该对话框的左侧单击 Plugins 选项进行搜索 Scala 相关插件的操作。

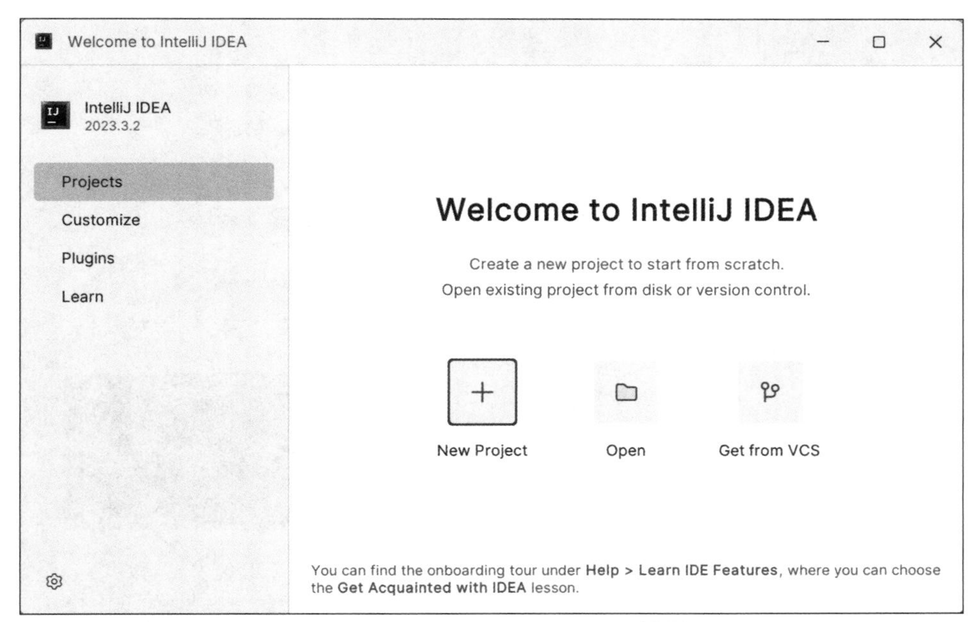

图 3-2 Welcome to IntelliJ IDEA 界面

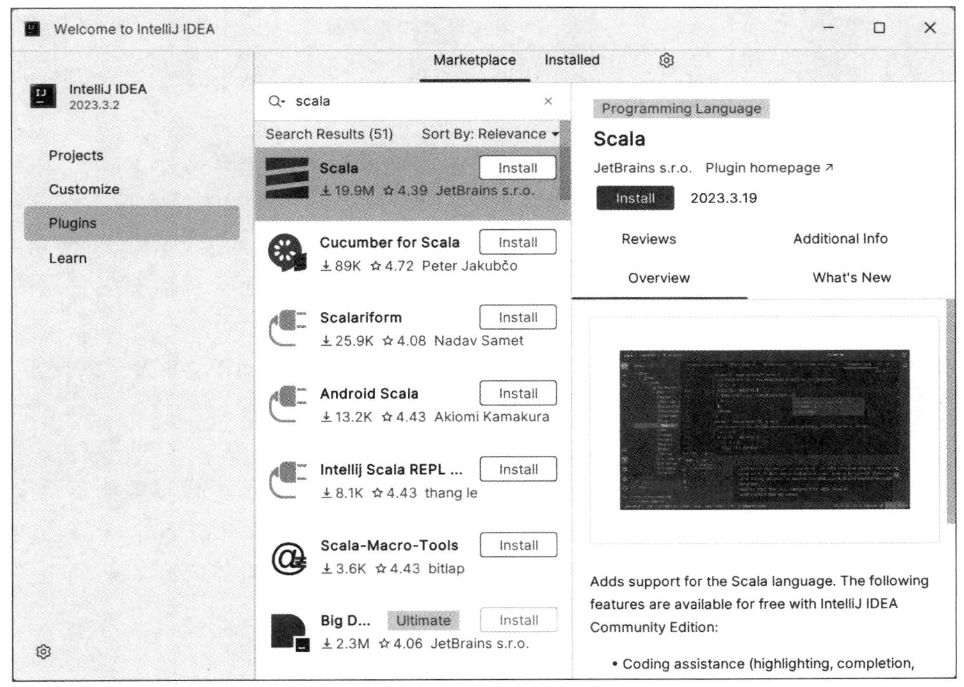

图 3-3 搜索 Scala 相关插件

(3) 在图 3-3 所示界面中，找到名为 Scala 的插件，单击其右方的 Install 按钮安装 Scala 插件。Scala 插件安装完成的效果如图 3-4 所示。

在图 3-4 所示界面中，单击 Restart IDE 按钮，打开 IntelliJ IDEA and Plugin Updates

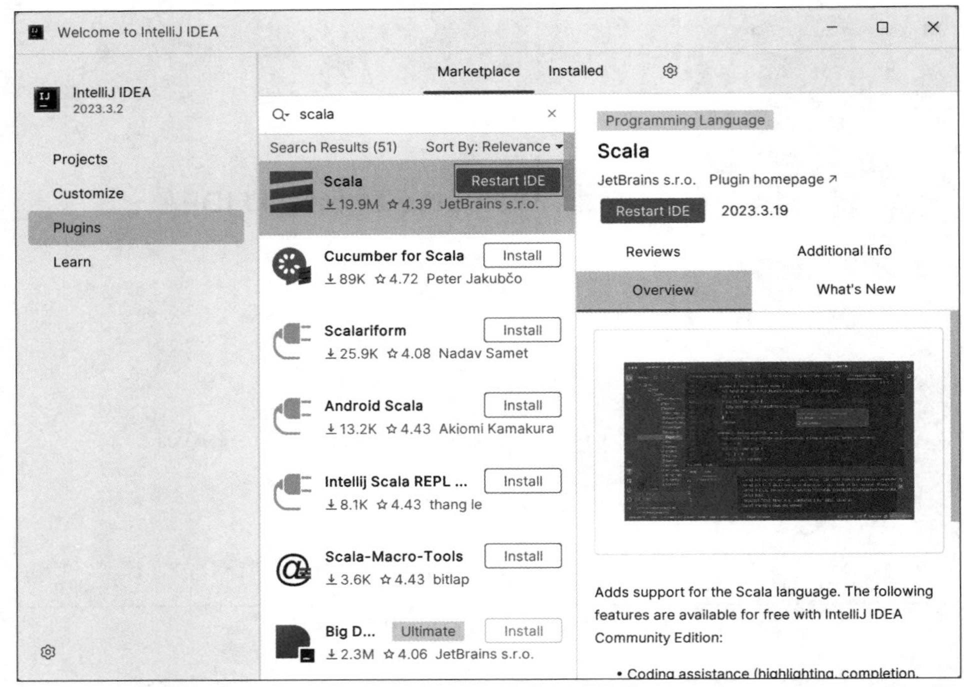

图 3-4　Scala 插件安装完成的效果

对话框。在该对话框中单击 Restart IDE 按钮重启 IntelliJ IDEA 使 Scala 插件生效。

至此完成了在 IntelliJ IDEA 中安装 Scala 插件的操作。

需要注意的是，搜索 Scala 相关插件的操作需要确保本地计算机处于联网状态。如果读者在进行搜索 Scala 相关插件的操作时，网络连接正常，但无法显示搜索结果，那么可以在图 3-4 中单击⚙按钮，在弹出的菜单中选择 HTTP Proxy Settings 选项，打开 HTTP Proxy 对话框，在该对话框中进行相关配置。HTTP Proxy 对话框配置完成的效果如图 3-5 所示。

在图 3-5 所示界面中，单击 OK 按钮后，重新打开 IntelliJ IDEA，再次尝试搜索 Scala 相关插件的操作。

2. 创建项目

在 IntelliJ IDEA 中基于 Maven 创建项目 SparkProject，具体操作步骤如下。

(1) 在 IntelliJ IDEA 的 Welcome to IntelliJ IDEA 界面中，单击 New Project 按钮，打开 New Project 对话框，在该对话框中配置项目的基本信息，具体内容如下。

① 在 Name 输入框中指定项目名称为 SparkProject。

② 在 Location 输入框中指定项目的存储路径为 D:\develop。

③ 在 JDK 下拉框中选择使用的 JDK 为本地安装的 JDK。

④ 在 Archetype 下拉框中选择 Maven 项目的模板为 org.apache.maven.archetypes:maven-archetype-quickstart。

New Project 对话框配置完成的效果如图 3-6 所示。

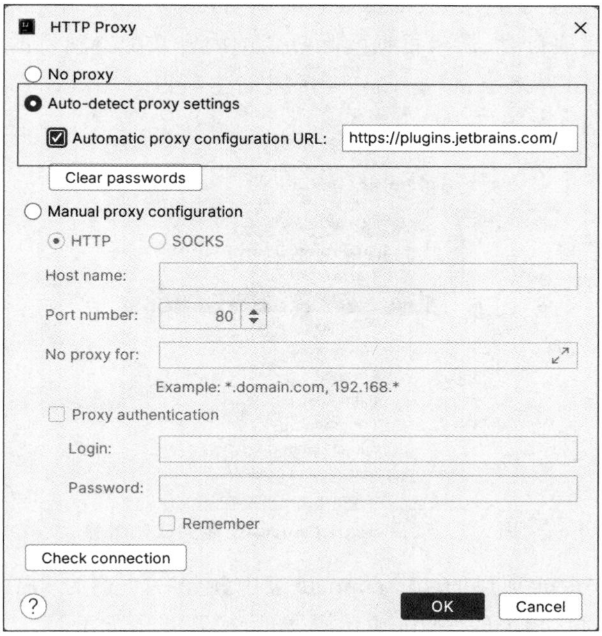

图 3-5　HTTP Proxy 对话框配置完成的效果

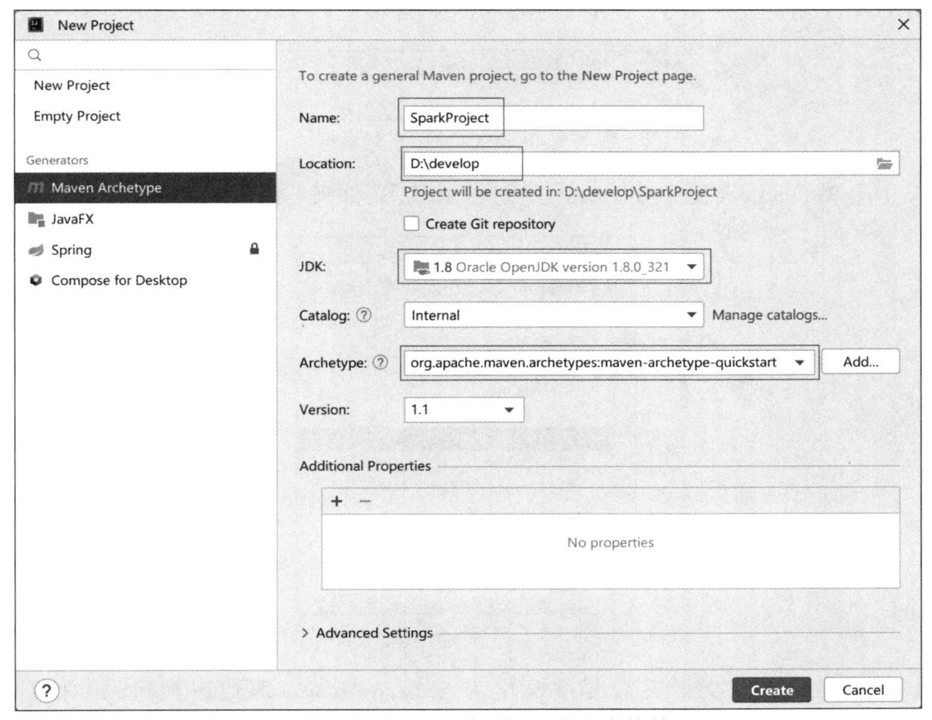

图 3-6　New Project 对话框配置完成的效果

需要说明的是,根据 IntelliJ IDEA 版本的不同,New Project 对话框显示的内容会存在差异。读者在创建项目时,需要根据实际显示的内容来配置项目的基本信息。

(2) 在图 3-6 所示界面中,单击 Create 按钮创建项目 SparkProject。项目 SparkProject 创建完成的效果如图 3-7 所示。

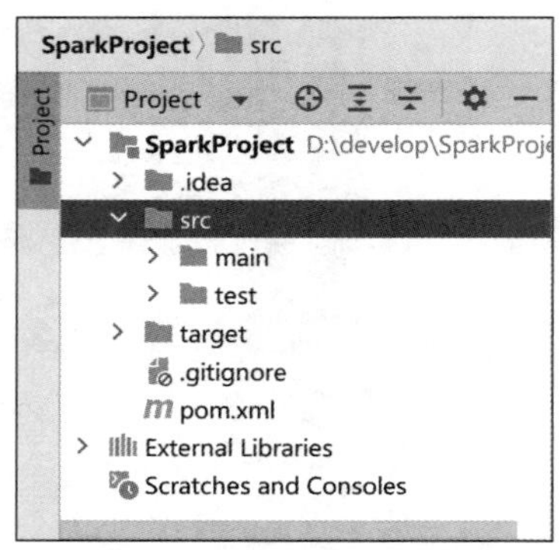

图 3-7 项目 SparkProject 创建完成的效果

(3) 在 SparkProject 项目的 src/main 目录中新建一个名为 scala 的文件夹,该文件夹将用于存放与本项目相关的 Scala 源代码文件,操作步骤如下。

① 选中并右击 main 文件夹,在弹出的菜单中依次单击 New、Directory 选项打开 New Directory 对话框。在该对话框的输入框中输入 scala,如图 3-8 所示。

图 3-8 New Directory 对话框

② 在图 3-8 所示界面中按 Enter 键创建 scala 文件夹,如图 3-9 所示。

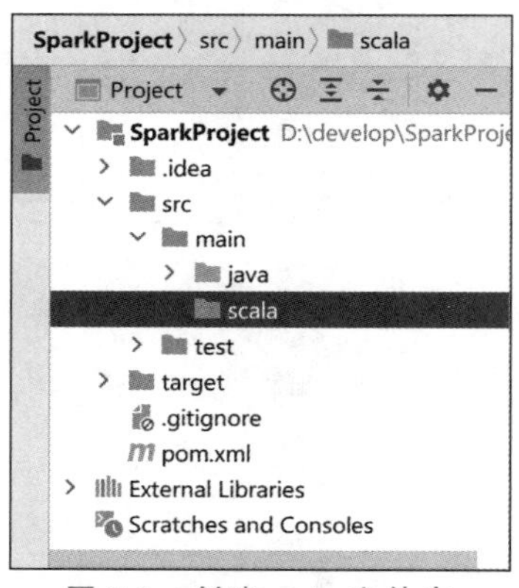

图 3-9 创建 scala 文件夹

(4) 新建的 scala 文件夹需要被标记为 Sources Root(源代码根目录)才可以存放 Scala 源代码文件。在图 3-9 所示界面中,选中并右击 scala 文件夹,在弹出的菜单依次单击 Mark Directory as、Sources Root 选项。成功标记为 Sources Root 后,scala 文件夹的颜色将变为蓝色。

(5) 由于项目 SparkProject 是基于 Maven 创建的，默认并不提供对 Scala 语言的支持，所以需要为项目 SparkProject 添加 Scala SDK，操作步骤如下。

① 在 IntelliJ IDEA 的工具栏中依次单击 File、Project Structure 选项，会弹出 Project Structure 对话框，单击该对话框内左侧的 Libraries 选项，如图 3-10 所示。

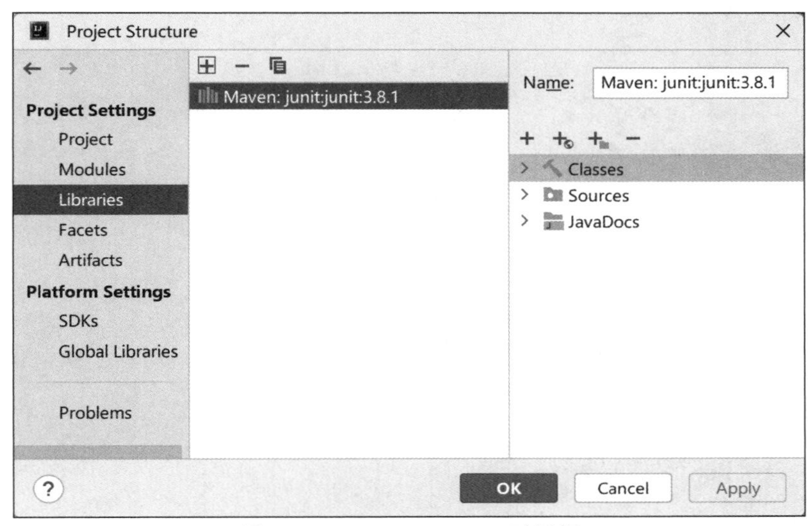

图 3-10　Project Structure 对话框

② 在图 3-10 所示界面中，单击上方的+按钮并在弹出的菜单栏中选择 Scala SDK 选项，会弹出 Select JAR's for the new Scala SDK 对话框，在该对话框中选择 Location 为 System 的一项，表示通过选择本地操作系统中安装的 Scala 添加 Scala SDK，如图 3-11 所示。

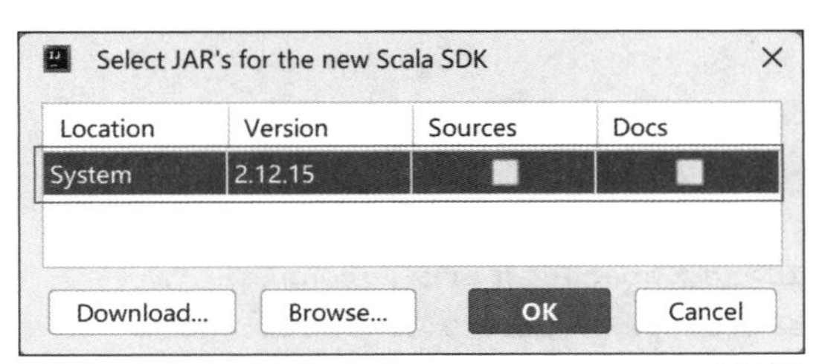

图 3-11　Select JAR's for the new Scala SDK 对话框

需要说明的是，若图 3-11 中未显示本地操作系统安装的 Scala，则可以单击 Browse 按钮通过浏览本地文件系统中 Scala 的安装目录添加 Scala SDK。

③ 在图 3-11 所示界面中，单击 OK 按钮，会弹出 Choose Modules 对话框，如图 3-12 所示。

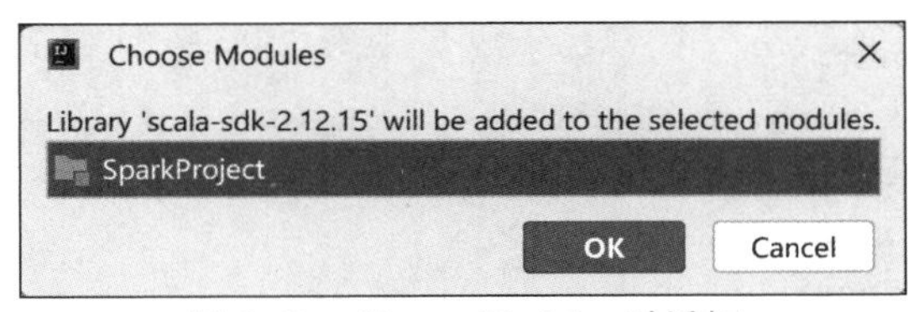

图 3-12　Choose Modules 对话框

在图 3-12 中,选择项目 SparkProject 后单击 OK 按钮返回 Project Structure 对话框。在该对话框中单击 Apply 按钮后单击 OK 按钮关闭 Project Structure 对话框。

3. 导入依赖和插件

在项目 SparkProject 的配置文件 pom.xml 中,添加用于实现本需求所需的依赖和插件。依赖添加完成的效果如文件 3-1 所示。

文件 3-1 pom.xml

```
1  <project xmlns="http://maven.apache.org/POM/4.0.0"
2          xmlns:xsi="http://www.w3.org/2001/XMLSchema-instance"
3    xsi:schemaLocation="http://maven.apache.org/POM/4.0.0
4    http://maven.apache.org/xsd/maven-4.0.0.xsd">
5    <modelVersion>4.0.0</modelVersion>
6    <groupId>cn.itcast</groupId>
7    <artifactId>SparkProject</artifactId>
8    <version>1.0-SNAPSHOT</version>
9    <packaging>jar</packaging>
10   <name>SparkProject</name>
11   <url>http://maven.apache.org</url>
12   <properties>
13     <project.build.sourceEncoding>UTF-8</project.build.sourceEncoding>
14   </properties>
15   <dependencies>
16     <dependency>
17       <groupId>junit</groupId>
18       <artifactId>junit</artifactId>
19       <version>3.8.1</version>
20       <scope>test</scope>
21     </dependency>
22     <dependency>
23       <groupId>org.apache.spark</groupId>
24       <artifactId>spark-core_2.12</artifactId>
25       <version>3.3.0</version>
26     </dependency>
27     <dependency>
28       <groupId>org.json</groupId>
29       <artifactId>json</artifactId>
30       <version>20230227</version>
31     </dependency>
32     <dependency>
33       <groupId>org.apache.hbase</groupId>
34       <artifactId>hbase-shaded-client</artifactId>
35       <version>2.4.9</version>
36     </dependency>
```

```
37        <dependency>
38          <groupId>org.apache.hadoop</groupId>
39          <artifactId>hadoop-common</artifactId>
40          <version>3.3.0</version>
41        </dependency>
42      </dependencies>
43      <build>
44        <plugins>
45          <plugin>
46            <groupId>net.alchim31.maven</groupId>
47            <artifactId>scala-maven-plugin</artifactId>
48            <version>3.2.2</version>
49            <executions>
50              <execution>
51                <goals>
52                  <goal>compile</goal>
53                </goals>
54              </execution>
55            </executions>
56          </plugin>
57          <plugin>
58            <groupId>org.apache.maven.plugins</groupId>
59            <artifactId>maven-assembly-plugin</artifactId>
60            <version>3.1.0</version>
61            <configuration>
62              <descriptorRefs>
63                <descriptorRef>jar-with-dependencies</descriptorRef>
64              </descriptorRefs>
65            </configuration>
66            <executions>
67              <execution>
68                <id>make-assembly</id>
69                <phase>package</phase>
70                <goals>
71                  <goal>single</goal>
72                </goals>
73              </execution>
74            </executions>
75          </plugin>
76        </plugins>
77      </build>
78    </project>
```

在文件 3-1 中,第 22～41 行代码用于添加实现本需求所需的依赖。其中,第 22～26 行代码添加的依赖为 Spark 核心依赖,第 27～31 行代码添加的依赖为 JSON 依赖,第 32～36 行代码添加的依赖为 HBase 客户端依赖,第 37～41 行代码添加的依赖为 Hadoop 核心依赖。

第 43～77 行代码用于添加实现本需求所需的插件。其中,第 45～56 行代码添加的 scala-maven-plugin 插件用于支持 Scala 编译和构建 Scala 项目,第 57～75 行代码添加的 maven-assembly-plugin 插件用于将项目的所有依赖和资源打包成一个独立的可执行的 jar 文件。

依赖添加完成后,确认添加的依赖是否存在于项目 SparkProject 中,在 IntelliJ IDEA 主界面的右侧单击 Maven 选项卡展开 Maven 面板,在 Maven 面板双击 Dependencies 折叠项,如图 3-13 所示。

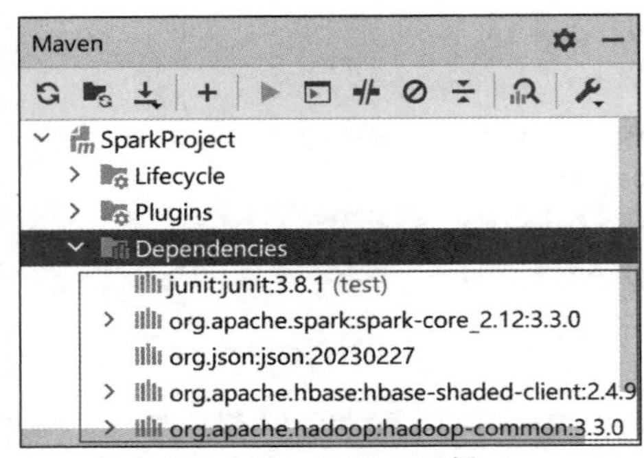

图 3-13　Maven 面板

从图 3-13 中可以看出,依赖已经成功添加到项目 SparkProject 中。如果这里未显示添加的依赖,则可以在图 3-13 中单击 按钮重新加载 pom.xml 文件。

3.3.2　实现 Spark 程序

在项目 SparkProject 的 src/main/scala 目录下,新建了一个名为 cn.itcast.top10 的包。在 cn.itcast.top10 包中创建一个名为 CategoryTop10 的 Scala 单例对象,在该单例对象中实现热门品类 Top10 分析的 Spark 程序,具体实现过程如下。

(1) 在单例对象 CategoryTop10 中添加 main()方法,用于定义 Spark 程序的实现逻辑,具体代码如文件 3-2 所示。

文件 3-2　CategoryTop10.scala

```
1  package cn.itcast.top10
2  object CategoryTop10 {
3    def main(args: Array[String]): Unit ={
4        //实现逻辑
5    }
6  }
```

(2) 在 Spark 程序中创建 SparkConf 对象 conf,用于配置 Spark 程序的参数。在单例对象CategoryTop10的main()方法中添加如下代码。

```
val conf =new SparkConf().setAppName("CategoryTop10")
```

上述代码指定Spark程序的名称为CategoryTop10。

(3)在Spark程序中基于SparkConf对象创建SparkContext对象sc，用于管理Spark程序的执行。在单例对象CategoryTop10的main()方法中添加如下代码。

```
val sc =new SparkContext(conf)
```

(4)在Spark程序中，通过SparkContext对象sc的textFile()方法从文件系统中读取用户行为数据，并将其存储到RDD对象textFileRDD中。在单例对象CategoryTop10的main()方法中添加如下代码。

```
val textFileRDD =sc.textFile(args(0))
```

上述代码中，使用args(0)来代替用户行为数据的具体路径，以便于将Spark程序提交到YARN集群运行时，可以更加灵活地通过spark-submit命令的参数来指定用户行为数据的具体路径。

(5)在Spark程序中，通过map算子对RDD对象textFileRDD进行转换操作，并将转换操作的结果存储到RDD对象transformRDD。在单例对象CategoryTop10的main()方法中添加如下代码。

```
1  val transformRDD =textFileRDD.map(s =>{
2    //将读取的用户行为数据转换为 JSON 对象 json
3    val json =new JSONObject(s)
4    val category_id =json.getString("category_id")
5    val event_type =json.getString("event_type")
6    ((category_id, event_type), 1)
7  })
```

上述代码用于从用户行为数据中提取用户行为类型和品类唯一标识，并将其映射为包含两个元素的元组，该元组的第一个元素包含用户行为类型和品类唯一标识，第二个元素为1。

(6)在Spark程序中，通过reduceByKey算子对RDD对象transformRDD进行聚合操作，并将聚合操作的结果存储到RDD对象aggregationRDD。在单例对象CategoryTop10的main()方法中添加如下代码。

```
val aggregationRDD =transformRDD.reduceByKey(_ + _).cache()
```

上述代码中的聚合操作用于统计不同品类的商品被查看、加入购物车和购买的次数。由于后续需要对RDD对象aggregationRDD进行多次过滤操作，所以通过cache()方法将 RDD 对象 aggregationRDD 缓存到内存中。

(7) 在 Spark 程序中,通过 filter 算子对 RDD 对象 aggregationRDD 进行过滤操作,获取不同品类中商品被查看的次数,然后通过 map 算子对过滤操作的结果进行转换操作,并将转换操作的结果存储到 RDD 对象 getViewCategoryRDD。在单例对象 CategoryTop10 的 main()方法中添加如下代码。

```
1    val getViewCategoryRDD =aggregationRDD.filter(
2    action =>action._1._2 =="view"
3    ).map(action =>(action._1._1, action._2))
```

上述代码中的转换操作用于将过滤结果映射为包含两个元素的元组,该元组的第一个元素为品类唯一标识,第二个元素为当前品类的商品被查看的次数。

(8) 在 Spark 程序中,通过 filter 算子对 RDD 对象 aggregationRDD 进行过滤操作,获取不同品类商品被加入购物车的次数,然后通过 map 算子对过滤操作的结果进行转换操作,并将转换操作的结果存储到 RDD 对象 getCartCategoryRDD。在单例对象 CategoryTop10 的 main()方法中添加如下代码。

```
1  val getCartCategoryRDD =aggregationRDD.filter(
2    action =>action._1._2 =="cart"
3  ).map(action =>(action._1._1, action._2))
```

上述代码中的转换操作用于将过滤结果映射为包含两个元素的元组,该元组的第一个元素为品类唯一标识,第二个元素为当前品类的商品被加入购物车的次数。

(9) 在 Spark 程序中,通过 filter 算子对 RDD 对象 aggregationRDD 进行过滤操作,获取不同品类商品被购买的次数,然后通过 map 算子对过滤操作的结果进行转换操作,并将转换操作的结果存储到 RDD 对象 getPurchaseCategoryRDD。在单例对象 CategoryTop10 的 main()方法中添加如下代码。

```
1  val getPurchaseCategoryRDD =aggregationRDD.filter(
2    action =>action._1._2 =="purchase"
3  ).map(action =>(action._1._1, action._2))
```

上述代码中的转换操作用于将过滤结果映射为包含两个元素的元组,该元组的第一个元素为品类唯一标识,第二个元素为当前品类的商品被购买的次数。

(10) 在 Spark 程序中,通过 leftOuterJoin 算子对 RDD 对象 getViewCategoryRDD、getCartCategoryRDD 和 getPurchaseCategoryRDD 进行合并操作,并将合并操作的最终结果存储到 RDD 对象 joinCategoryRDD。在单例对象 CategoryTop10 的 main()方法中添加如下代码。

```
1    val tmpJoinCategoryRDD =getViewCategoryRDD
```

```
2     .leftOuterJoin(getCartCategoryRDD)
3   val joinCategoryRDD = tmpJoinCategoryRDD
4     .leftOuterJoin(getPurchaseCategoryRDD)
```

上述代码中的合并操作用于将相同品类商品的不同行为类型的统计结果合并到RDD的同一元素中，并通过这3个RDD对象合并的先后顺序，明确不同行为类型统计结果在元素中的位置。

(11) 根据热门品类Top10分析的排序规则对合并操作的结果进行排序操作，具体实现过程如下。

① 在项目SparkProject的包cn.itcast.top10中创建一个名为CategorySortKey的Scala类，该类CategorySortKey需要实现Java提供的接口Comparable和Serializable，前者用于实现对象的比较，后者用于将对象转换成字节流进行传输。此外，在类CategorySortKey中还须要重写接口Comparable的compareTo()方法定义对象的比较规则，具体代码如文件3-3所示。

文件3-3　CategorySortKey.scala

```
1   class CategorySortKey(
2     val viewCount: Int,
3     val cartCount: Int,
4     val purchaseCount: Int
5   ) extends Comparable[CategorySortKey] with Serializable {
6     override def compareTo(other: CategorySortKey): Int = {
7       val viewComparison = Integer.compare(viewCount, other.viewCount)
8       if (viewComparison != 0) {
9         viewComparison
10      } else {
11        val cartComparison = Integer.compare(cartCount, other.cartCount)
12        if (cartComparison != 0) {
13          cartComparison
14        } else {
15          Integer.compare(purchaseCount, other.purchaseCount)
16        }
17      }
18    }
19  }
```

上述代码中，第6～18行代码通过重写接口Comparable的compareTo()方法定义对象的比较规则。比较规则为，首先比较不同品类的商品被查看的次数(viewCount)，若比较结果不相等，则返回1(大于的比较关系)或－1(小于的比较关系)；若比较结果相等，则进一步比较不同品类的商品被加入购物车的次数(cartCount)；若比较结果不相等，则返回1或－1；若比较结果仍然相等，则继续比较不同品类商品被购买的次数(purchaseCount)。

② 在Spark程序中，通过map算子，将存储在RDD对象joinCategoryRDD中的不同

品类的商品被查看、加入购物车和购买的次数映射到类 CategorySortKey 中进行比较，并将比较结果存储到 RDD 对象 transCategoryRDD 中。在单例对象 CategoryTop10 的 main()方法中添加如下代码。

```
1  val transCategoryRDD =joinCategoryRDD.map ({
2    case (category_id, ((viewcount, cartcountOpt), purchasecountOpt)) =>
3      val cartcount =cartcountOpt.getOrElse(0).intValue()
4      val purchasecount =purchasecountOpt.getOrElse(0).intValue()
5      val sortKey =new CategorySortKey(viewcount, cartcount, purchasecount)
6      (sortKey, category_id)
7  })
```

上述代码中，getOrElse()方法用于处理可能出现的空值问题，防止空指针异常的发生。如果 getOrElse()方法的返回值为 None，则会将其替换为指定的默认值，这里指定的默认值为 0。

③ 在 Spark 程序中，通过 sortByKey 算子对 RDD 对象 transCategoryRDD 进行降序排序，并将降序排序的结果存储到 RDD 对象 sortedCategoryRDD 中。在单例对象 CategoryTop10 的 main()方法中添加如下代码。

```
val sortedCategoryRDD =transCategoryRDD.sortByKey(false)
```

④ 在 Spark 程序中，通过 take()方法获取 RDD 对象 sortedCategoryRDD 的前 10 个元素，即热门品类 Top10 分析的结果，并将这 10 个元素存储在数组 top10Category 中。在单例对象 CategoryTop10 的 main()方法中添加如下代码。

```
val top10Category =sortedCategoryRDD.take(10)
```

3.3.3 数据持久化

通过上一节内容实现的 Spark 程序仅仅获取了热门品类 Top10 的分析结果。为了便于后续进行数据可视化，并确保分析结果的长期存储，需要进行数据持久化操作。本项目使用 HBase 作为数据持久化工具。接下来，分步骤讲解如何将热门品类 Top10 的分析结果存储到 HBase 的表中，具体操作步骤如下。

(1) 为了避免实现本项目后续需求的数据持久化操作时，重复编写操作 HBase 的相关代码，这里在项目 SparkProject 的 src/main/scala 目录中，新建了一个名为 cn.itcast.hbase 的包。在包 cn.itcast.hbase 中创建一个名为 HBaseConnect 的 Scala 单例对象，在该单例对象中实现操作 HBase 的相关代码，具体如文件 3-4 所示。

文件 3-4 HBaseConnect.scala

```
1  import org.apache.hadoop.conf.Configuration
2  import org.apache.hadoop.hbase._
3  import org.apache.hadoop.hbase.client._
```

```
4   import java.io.IOException
5   object HBaseConnect {
6     //创建 Configuration 对象 hbaseConf,用于指定 HBase 的相关配置
7     val hbaseConf: Configuration =HBaseConfiguration.create()
8     //指定 ZooKeeper 集群中每个 ZooKeeper 服务的地址
9     hbaseConf.set("hbase.zookeeper.quorum", "spark01,spark02,spark03")
10    //指定 ZooKeeper 服务的端口号
11    hbaseConf.set("hbase.zookeeper.property.clientPort", "2181")
12    var conn: Connection =_
13    try {
14      //根据 HBase 的配置信息创建 HBase 连接
15      conn =ConnectionFactory.createConnection(hbaseConf)
16    }
17    catch {
18      case e: IOException =>e.printStackTrace()
19    }
20    def getHBaseAdmin: Admin ={
21      var hbaseAdmin: Admin =null
22      try {
23        hbaseAdmin =conn.getAdmin
24      } catch {
25        case e: MasterNotRunningException =>e.printStackTrace()
26        case e: ZooKeeperConnectionException =>e.printStackTrace()
27      }
28      hbaseAdmin
29    }
30    def getConnection: Connection =conn
31    def closeConnection(): Unit ={
32      if (conn !=null) {
33        try {
34          conn.close()
35        } catch {
36        case e: IOException =>e.printStackTrace()
37        }
38      }
39    }
40  }
```

上述代码中,第 20～29 行代码定义的 getHBaseAdmin()方法用于通过 HBase 连接获取 Admin 对象,该对象用于操作 HBase 的表。第 30 行代码定义的 getConnection()方法用于获取 HBase 连接。第 31～39 行代码定义的 closeConnection()方法用于关闭 HBase 连接以释放资源。

需要注意的是,如果在运行项目 SparkProject 的环境中未配置虚拟机 Spark01、

Spark02 和 Spark03 的主机名与 IP 地址的映射关系,那么在配置 ZooKeeper 集群地址时将主机名替换为具体的 IP 地址。

(2) 为了避免实现本项目后续需求的数据持久化操作时,重复编写操作 HBase 表的相关代码,这里在项目 SparkProject 的包 cn.itcast.hbase 中新建一个名为 HBaseUtils 的 Scala 单例对象,在该单例对象中实现操作 HBase 表的相关代码,具体如文件 3-5 所示。

文件 3-5 HBaseUtils.scala

```
1  import org.apache.hadoop.hbase.TableName
2  import org.apache.hadoop.hbase.client._
3  import org.apache.hadoop.hbase.util.Bytes
4  object HBaseUtils {
5    def createtable(tableName: String, columnFamilys: String*): Unit ={
6      //创建 Admin 对象 admin,用于操作 HBase 的表
7      val admin: Admin =HBaseConnect.getHBaseAdmin
8      //判断表是否存在
9      if (admin.tableExists(TableName.valueOf(tableName))) {
10       //禁用表
11       admin.disableTable(TableName.valueOf(tableName))
12       //删除表
13       admin.deleteTable(TableName.valueOf(tableName))
14     }
15     //指定表名
16     val tableDescriptorBuilder =TableDescriptorBuilder
17       .newBuilder(TableName.valueOf(tableName))
18     for (cf <-columnFamilys) {
19         val columnDescriptor =ColumnFamilyDescriptorBuilder
20         .newBuilder(Bytes.toBytes(cf)).build()
21       //向表中添加列族
22       tableDescriptorBuilder.setColumnFamily(columnDescriptor)
23     }
24     val tableDescriptor =tableDescriptorBuilder.build()
25     //创建表
26     admin.createTable(tableDescriptor)
27     admin.close()
28   }
29   def putsToHBase(
30                     tableName: String, rowkey: String,
31                     cf: String, columns: Array[String],
32                     values: Array[String]): Unit ={
33     //基于表名创建 Table 对象 table,用于管理表的数据
34     val table: Table =HBaseConnect.getConnection
35       .getTable(TableName.valueOf(tableName))
```

```
36      //创建Put对象puts,用于根据行键向表中插入数据
37      val puts: Put =new Put(Bytes.toBytes(rowkey))
38      for (i <-columns.indices) {
39        puts.addColumn(
40          //指定列族
41          Bytes.toBytes(cf),
42          //指定列
43          Bytes.toBytes(columns(i)),
44          //指定数据
45          Bytes.toBytes(values(i))
46        )
47      }
48      table.put(puts)
49      table.close()
50    }
51  }
```

上述代码中,第5~28行代码定义了createtable()方法,用于在HBase中创建表。该方法接收tableName和columnFamilys两个参数,其中参数tableName用于指定表名,参数columnFamilys用于通过可变参数列表指定表中多个列族的名称。

第29~50行代码定义的putsToHBase()方法用于在向HBase的指定表插入数据,该方法接收tableName、rowkey、cf、columns和values五个参数。其中,参数tableName用于指定表名,参数rowkey用于指定行键,参数cf用于指定列族的名称,参数columns用于通过数组指定表中多个列标识的名称;参数values用于通过数组指定表中多个列的数据。

(3) 在单例对象CategoryTop10中定义一个top10ToHBase()方法,该方法用于向HBase的表top10中插入热门品类Top10的分析结果,具体代码如下。

```
1   def top10ToHBase(top10Category: Array[(CategorySortKey, String)]): Unit ={
2       //在HBase中创建表top10并向表中添加列族top10_category
3       HBaseUtils.createtable("top10", "top10_category")
4       //创建数组column,用于指定列标识的名称
5       val column =Array(
6         "category_id", "viewcount",
7         "cartcount", "purchasecount"
8       )
9       var viewcount =""
10      var cartcount =""
11      var purchasecount =""
12      var count =0
13      for ((top10, category_id) <-top10Category) {
```

```
14        count +=1
15        //获取当前品类中商品被查看的次数
16        viewcount =top10.viewCount.toString
17        //获取当前品类中商品被加入购物车的次数
18        cartcount =top10.cartCount.toString
19        //获取当前品类中商品被购买的次数
20        purchasecount =top10.purchaseCount.toString
21        //创建数组 value,用于指定插入的数据
22        val value =Array(category_id, viewcount, cartcount, purchasecount)
23        HBaseUtils.putsToHBase(
24          "top10",
25          s"rowkey_top$count",
26          "top10_category",
27          column,
28          value
29        )
30      }
31    }
```

上述代码中,第23～29行代码用于向HBase中表top10的列top10_category:category_id、top10_category:viewcount、top10_category:cartcount和top10_category:purchasecount插入数据,数据的内容依次为不同品类的唯一标识、不同品类中商品被查看的次数、不同品类中商品被加入购物车的次数和不同品类中商品被购买的次数。

(4) 在单例对象CategoryTop10的main()方法中调用top10ToHBase()方法并将top10Category作为参数传递,实现将热门品类Top10的分析结果插入HBase的表top10中,具体代码如下。

```
1  try {
2    CategoryTop10.top10ToHBase(top10Category)
3  } catch {
4    case e: Exception =>
5        e.printStackTrace()
6  }
```

(5) 在单例对象CategoryTop10的main()方法中添加关闭HBase连接和Spark连接的代码,具体代码如下。

```
1  HBaseConnect.closeConnection()
2  sc.stop()
```

3.4　运行Spark程序

为了充分利用集群资源分析热门品类Top10,本项目使用spark-submit命令将Spark程序提交到YARN集群运行,具体操作步骤如下。

1. 封装 jar 文件

在 IntelliJ IDEA 主界面的右侧单击 Maven 选项卡标签展开 Maven 面板。在 Maven 面板双击 Lifecycle 折叠项，如图 3-14 所示。

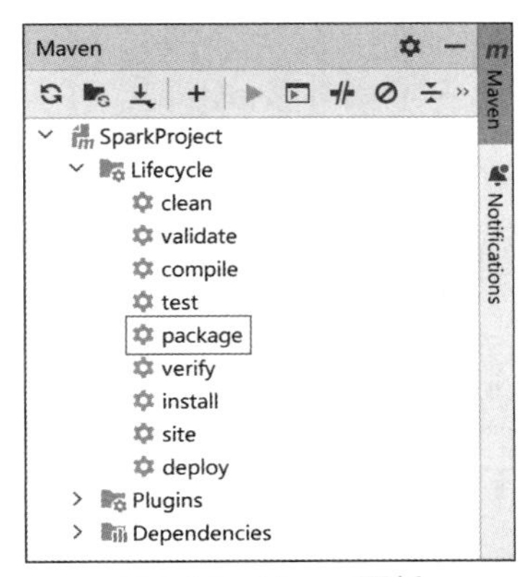

图 3-14　Maven 面板

在图 3-14 所示界面中，双击 package 选项将项目 SparkProject 封装为 jar 文件。项目 SparkProject 封装完成的效果如图 3-15 所示。

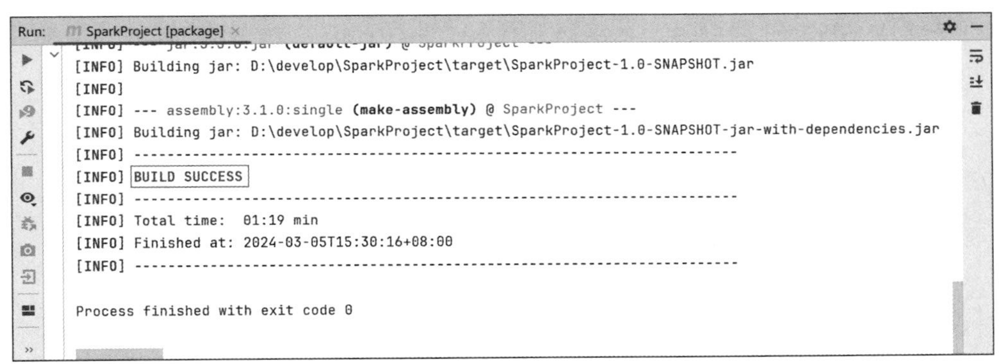

图 3-15　项目 SparkProject 封装完成的效果

从图 3-15 中可以看出，控制台输出 BUILD SUCCESS 提示信息，说明成功将项目 SparkProject 封装为 jar 文件 SparkProject-1.0-SNAPSHOT-jar-with-dependencies.jar 和 SparkProject-1.0-SNAPSHOT.jar。前者不仅包含项目 SparkProject 的源代码和编译后的 Scala 文件，还包含项目 SparkProject 的所有依赖；而后者仅包含项目 SparkProject 的源代码和编译后的 Scala 文件，不含项目 SparkProject 的依赖。这两个 jar 文件存储在 D:\develop\SparkProject\target 目录中。

本项目主要基于 SparkProject-1.0-SNAPSHOT-jar-with-dependencies.jar 来运行 Spark 程序。为了后续使用，这里将 SparkProject-1.0-SNAPSHOT-jar-with-dependencies.jar 重命名为 SparkProject.jar。

2. 启动大数据集群环境

在虚拟机 Spark01、Spark02 和 Spark03 依次启动 ZooKeeper 集群、Hadoop 集群和

HBase 集群。

3. 上传 jar 文件

将 SparkProject.jar 上传到虚拟机 Spark01 的/export/SparkJar 目录中,该目录需要提前在虚拟机 Spark01 中创建。

4. 创建目录

在 HDFS 创建目录/spark_data 用于存放数据集,具体命令如下。

```
$hdfs dfs -mkdir /spark_data
```

5. 上传数据集

首先,将数据集 user_session.txt 上传到虚拟机 Spark01 的/export/data 目录中。然后,在虚拟机 Spark01 执行如下命令,将数据集 user_session.txt 上传到 HDFS 的目录/spark_data 中。

```
$hdfs dfs -put /export/data/user_session.txt /spark_data
```

6. 将 Spark 程序提交到 YARN 集群运行

在虚拟机 Spark01 的 Spark 安装目录中执行如下命令。

```
$bin/spark-submit \
--master yarn \
--deploy-mode cluster \
--num-executors 3 \
--executor-memory 2G \
--class cn.itcast.top10.CategoryTop10 \
/export/SparkJar/SparkProject.jar \
/spark_data/user_session.txt
```

关于上述命令中参数的介绍如下。

(1) 参数--master 用于指定 Spark 程序的执行模式,该参数的值为 yarn 表示在 YARN 集群中运行 Spark 程序。

(2) 参数--deploy-mode 用于指定 Spark 程序的部署模式,该参数的值为 cluster 表示以集群模式部署 Spark 程序。

(3) 参数--num-executors 用于指定 Spark 程序执行时所需的 Executor 数量,该参数的值为 2 表示所需 Executor 的数量为 2。

(4) 参数--executor-memory 用于指定每个 Executor 可用内存的大小,该参数的值为 2G 表示每个 Executor 可用 2GB 内存。

(5) 参数--class 用于指定 Spark 程序的入口,该参数的值为 cn.itcast.top10.CategoryTop10,表示 Spark 程序的入口为包 cn.itcast.top10 中的单例对象 CategoryTop10。

7. 查看 Spark 程序运行状态

将 Spark 程序提交到 YARN 集群运行的过程中，可以在浏览器中输入 192.168.88.161:8088，通过 YARN Web UI 查看 Spark 程序的运行状态，如图 3-16 所示。

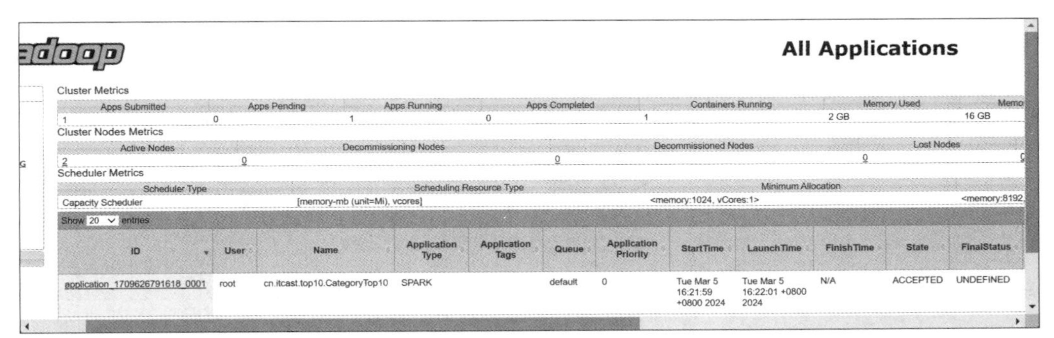

图 3-16　YARN Web UI

从图 3-16 中可以看出，Spark 程序在 YARN 集群中运行时分配的 Application ID(应用程序 ID)为 application_1709626791618_0001。通过在浏览器中刷新 YARN Web UI，可以更新 Spark 程序的运行状态，当 Spark 程序的运行状态中状态(State)和最终状态(FinalStatus)显示为 FINISHED 和 SUCCEEDED 时，说明 Spark 程序运行成功。

8. 查看热门品类 Top10 分析的结果

在虚拟机 Spark01 上执行 hbase shell 命令运行 HBase Shell，如图 3-17 所示。

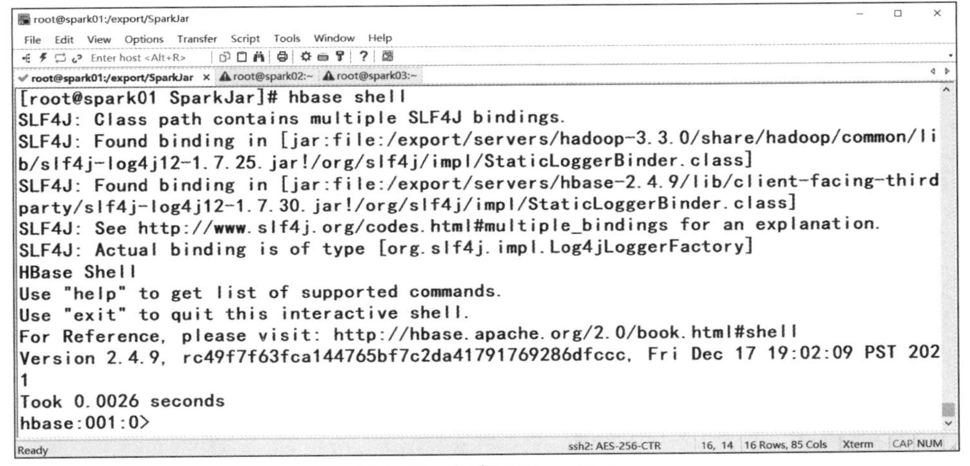

图 3-17　运行 HBase Shell

在 HBase Shell 中执行 scan 'top10'命令查询表 top10 中的数据，如图 3-18 所示。

图 3-18 显示了表 top10 的部分数据，读者可以通过滑动鼠标滚轮来查看表 top10 的所有数据，说明成功将热门品类 Top10 分析的结果存储到 HBase 的表 top10 中。从这些数据可以看出，在热门品类 Top10 中唯一标识为 2053013555631882655 的品类排名第一，该品类中商品被查看、加入购物车和购买的次数依次为 1098661、85546 和 28560。

至此，便完成了热门品类 Top10 分析。

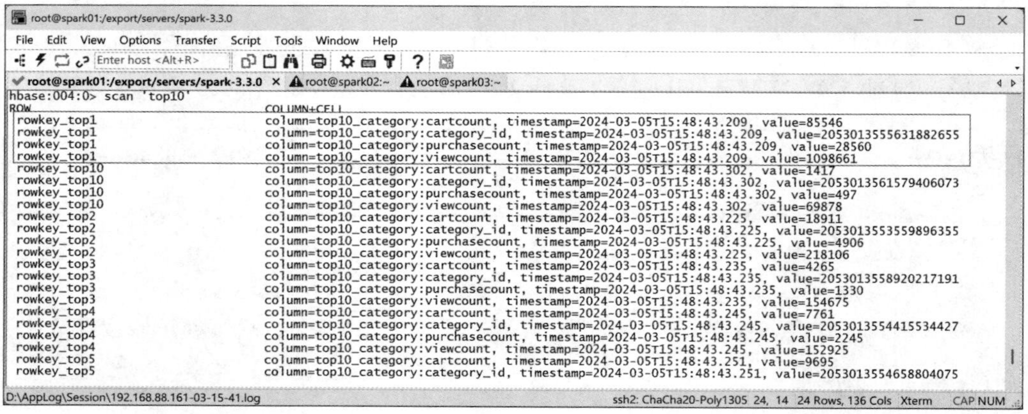
root@spark01:/export/servers/spark-3.3.0
File Edit View Options Transfer Script Tools Window Help
hbase:004:0> scan 'top10'
ROW COLUMN+CELL
rowkey_top1 column=top10_category:cartcount, timestamp=2024-03-05T15:48:43.209, value=85546
rowkey_top1 column=top10_category:category_id, timestamp=2024-03-05T15:48:43.209, value=2053013555631882655
rowkey_top1 column=top10_category:purchasecount, timestamp=2024-03-05T15:48:43.209, value=28560
rowkey_top1 column=top10_category:viewcount, timestamp=2024-03-05T15:48:43.209, value=1098661
rowkey_top10 column=top10_category:cartcount, timestamp=2024-03-05T15:48:43.302, value=1417
rowkey_top10 column=top10_category:category_id, timestamp=2024-03-05T15:48:43.302, value=2053013561579406073
rowkey_top10 column=top10_category:purchasecount, timestamp=2024-03-05T15:48:43.302, value=497
rowkey_top10 column=top10_category:viewcount, timestamp=2024-03-05T15:48:43.302, value=69878
rowkey_top2 column=top10_category:cartcount, timestamp=2024-03-05T15:48:43.225, value=18911
rowkey_top2 column=top10_category:category_id, timestamp=2024-03-05T15:48:43.225, value=2053013553559896355
rowkey_top2 column=top10_category:purchasecount, timestamp=2024-03-05T15:48:43.225, value=4906
rowkey_top2 column=top10_category:viewcount, timestamp=2024-03-05T15:48:43.225, value=218106
rowkey_top3 column=top10_category:cartcount, timestamp=2024-03-05T15:48:43.235, value=4265
rowkey_top3 column=top10_category:category_id, timestamp=2024-03-05T15:48:43.235, value=2053013558920217191
rowkey_top3 column=top10_category:purchasecount, timestamp=2024-03-05T15:48:43.235, value=1330
rowkey_top3 column=top10_category:viewcount, timestamp=2024-03-05T15:48:43.235, value=154675
rowkey_top4 column=top10_category:cartcount, timestamp=2024-03-05T15:48:43.245, value=7761
rowkey_top4 column=top10_category:category_id, timestamp=2024-03-05T15:48:43.245, value=2053013554415534427
rowkey_top4 column=top10_category:purchasecount, timestamp=2024-03-05T15:48:43.245, value=2245
rowkey_top4 column=top10_category:viewcount, timestamp=2024-03-05T15:48:43.245, value=152925
rowkey_top5 column=top10_category:cartcount, timestamp=2024-03-05T15:48:43.251, value=9695
rowkey_top5 column=top10_category:category_id, timestamp=2024-03-05T15:48:43.251, value=2053013554658804075
D:\AppLog\Session\192.168.88.161-03-15-41.log
ssh2: ChaCha20-Poly1305 24, 14 24 Rows, 136 Cols Xterm CAP NUM

图 3-18 查询表 top10 中的数据

3.5 本章小结

本章主要讲解了热门品类 Top10 分析的实现。首先,讲解了数据集和实现思路分析。然后,讲解了实现热门品类 Top10 分析,包括环境准备、实现 Spark 程序和数据持久化。最后,讲解了运行 Spark 程序。通过本章的学习,读者能够了解热门品类 Top10 分析的实现思路,掌握运用 Spark 程序实现热门品类 Top10 分析的技巧。

第4章 各区域热门商品Top3分析

学习目标

- 熟悉实现思路分析，能够描述各区域热门商品Top3分析的实现思路；
- 掌握实现各区域热门商品Top3分析，能够编写用于实现各区域热门商品Top3分析的Spark程序；
- 掌握运行Spark程序，能够将Spark程序提交到YARN集群运行。

各区域热门商品Top3分析的目的是从用户行为数据中挖掘出各区域排名前3的最受用户喜爱的商品。通过对各区域热门商品的了解，可以帮助企业制定更为精准的地区化营销策略。根据不同区域的偏好调整广告、促销和定价策略，以更好地吸引当地消费者。本章将讲解如何对电商网站的用户行为数据进行分析，从而统计出各区域排名前3的商品。

4.1 实现思路分析

在开始学习新知识前，通过预先剖析核心内容，合理安排学习步骤、时间、资源和设置个人期望，我们可以更高效地掌握所需知识，从而提升学习效果和效率。不仅如此，这样的前期准备和规划还能有力地培养我们的责任感和自我管理能力，使我们在面对复杂或挑战性任务时，拥有更充足的信心和准备。

实现各区域热门商品Top3分析的核心在于统计各区域中不同商品被查看的次数，然后对各区域中不同商品被查看的次数进行降序排序，以获取各区域排名前3的热门商品。下面，通过图4-1详细描述本项目中各区域热门商品Top3分析的实现思路。

针对各区域热门商品Top3分析的实现思路进行如下讲解。

- 读取/转换：读取用户行为数据，提取其中的区域名称(address_name)、商品唯一标识(product_id)和用户行为类型(event_type)，并将提取的数据转换为元组。元组的第一个元素包含区域名称和商品唯一标识，第二个元素为用户行为类型。
- 过滤：根据用户行为类型进行过滤，获取用户行为类型为查看的数据，并生成新的元组。该元组的第一个元素包含区域名称和商品唯一标识，第二个元素为查看(view)的用户行为类型。
- 转换：为了便于后续统计各区域中不同商品被查看的次数，将过滤的结果转换为

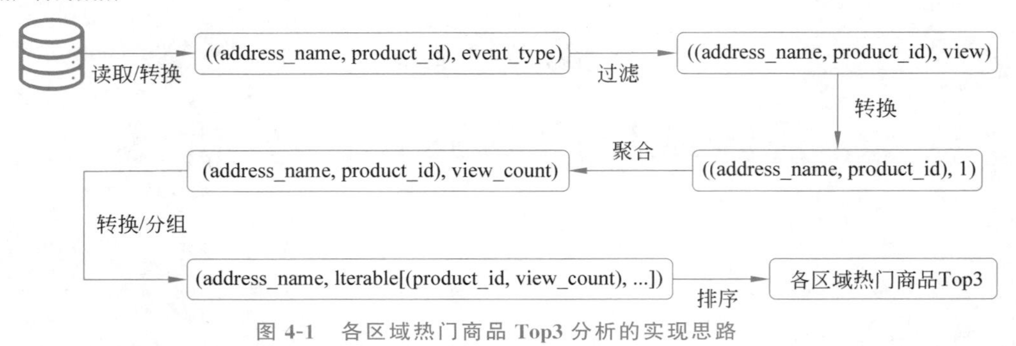

图 4-1 各区域热门商品 Top3 分析的实现思路

新的元组。元组的第一个元素包含区域名称和商品唯一标识,第二个元素为 1,用于标识商品被查看的次数。

- 聚合:统计各区域中不同商品被查看的次数,并生成新的元组,该元组的第一个元素包含区域名称和商品唯一标识,第二个元素为商品被查看次数的统计结果(view_count)。
- 转换/分组:为了便于后续根据区域名称进行分组,首先,将统计的结果转换为新的元组,该元组的第一个元素为区域名称,第二个元素包含商品唯一标识和商品被查看次数的统计结果。然后,根据区域名称对转换的结果进行分组。
- 排序:根据每组数据中商品被查看次数的统计结果进行降序排序,并获取每组数据中排序结果的前 3 行数据,从而得到各区域热门商品 Top3。

4.2 实现各区域热门商品 Top3 分析

4.2.1 实现 Spark 程序

在项目 SparkProject 的 src/main/scala 目录中,新建了一个名为 cn.itcast.top3 的包。在 cn.itcast.top3 包中创建一个名为 AreaProductTop3 的 Scala 单例对象,在该单例对象中实现各区域热门商品 Top3 的 Spark 程序,具体实现过程如下。

(1)在单例对象 AreaProductTop3 中添加 main()方法,用于定义 Spark 程序的实现逻辑,具体代码如文件 4-1 所示。

文件 4-1 AreaProductTop3.scala

```
1  package cn.itcast.top3
2  object AreaProductTop3 {
3    def main(args: Array[String]): Unit ={
4      //实现逻辑
5    }
6  }
```

(2)在 Spark 程序中创建 SparkConf 对象 conf,用于配置 Spark 程序的参数。在单例对象 AreaProductTop3 的 main()方法中添加如下代码。

```
val conf =new SparkConf().setAppName("AreaProductTop3")
```

上述代码指定 Spark 程序的名称为 AreaProductTop3。

(3) 在 Spark 程序中基于 SparkConf 对象创建 SparkContext 对象 sc，用于管理 Spark 程序的执行。在单例对象 AreaProductTop3 的 main()方法中添加如下代码。

```
val sc =new SparkContext(conf)
```

(4) 在 Spark 程序中，通过 SparkContext 对象 sc 的 textFile()方法从文件系统中读取用户行为数据，并将其存储到 RDD 对象 textFileRDD 中。在单例对象 AreaProductTop3 的 main()方法中添加如下代码。

```
val textFileRDD =sc.textFile(args(0))
```

上述代码中，使用 args(0)来代替用户行为数据的具体路径，以便将 Spark 程序提交到 YARN 集群运行时，可以更加灵活地通过 spark-submit 命令的参数来指定用户行为数据的具体路径。

(5) 在 Spark 程序中，通过 map 算子对 RDD 对象 textFileRDD 进行转换操作，并将转换操作的结果存储到 RDD 对象 transformRDD。在单例对象 AreaProductTop3 的 main()方法中添加如下代码。

```
1   val transformRDD =textFileRDD.map(s =>{
2     //将读取的用户行为数据转换为 JSON 对象 json
3     val json =new JSONObject(s)
4     //从用户行为数据中提取区域名称，并将区域名称中的空格替换为空字符串
5     val address_name =json.getString("address_name")
6       .replaceAll("\\u00A0+", "")
7     val product_id =json.getString("product_id")
8     val event_type =json.getString("event_type")
9     ((address_name, product_id), event_type)
10  })
```

上述代码用于从用户行为数据中提取区域名称、商品唯一标识和用户行为类型，并将其映射为包含两个元素的元组，该元组的第一个元素包含区域名称和商品唯一标识，第二个元素为用户行为类型。

(6) 在 Spark 程序中，通过 filter 算子对 RDD 对象 transformRDD 进行过滤操作，并将过滤操作的结果存储到 RDD 对象 getViewRDD。在单例对象 AreaProductTop3 的 main()方法中添加如下代码。

```
1   val getViewRDD =transformRDD.filter(
```

```
2     action =>action._2 =="view"
3   )
```

上述代码用于获取 RDD 对象 transformRDD 中用户行为类型为查看(view)的元素。

(7) 在 Spark 程序中,通过 map 算子对 RDD 对象 getViewRDD 进行转换操作,并将转换操作的结果存储到 RDD 对象 productByAreaRDD 中。在单例对象 AreaProductTop3 的 main()方法中添加如下代码。

```
1   val productByAreaRDD =getViewRDD.map(
2     data =>(data._1, 1)
3   )
```

上述代码用于将 RDD 对象 getViewRDD 中元素的格式进行转换,使其第一个元素包含区域名称和商品唯一标识,第二个元素为 1。

(8) 在 Spark 程序中,通过 reduceByKey 算子对 RDD 对象 productByAreaRDD 进行聚合操作,并将聚合操作的结果存储到 RDD 对象 productCountByAreaRDD 中。在单例对象 AreaProductTop3 的 main()方法中添加如下代码。

```
1   val productCountByAreaRDD =productByAreaRDD.reduceByKey(
2     (x, y) =>x +y
3   )
```

上述代码用于统计各区域中不同商品被查看的次数。

(9) 在 Spark 程序中,通过 map 算子对 RDD 对象 productCountByAreaRDD 进行转换操作,并将转换操作的结果存储到 RDD 对象 transProductCountByAreaRDD 中。在单例对象 AreaProductTop3 的 main()方法中添加如下代码。

```
1   val transProductCountByAreaRDD =productCountByAreaRDD.map(
2     data =>(data._1._1, (data._1._2, data._2))
3   )
```

上述代码用于将 RDD 对象 productCountByAreaRDD 中元素的格式进行转换,使其第一个元素为区域名称,第二个元素包含商品唯一标识和商品被查看次数的统计结果。

(10) 在 Spark 程序中,通过 groupByKey 算子对 RDD 对象 transProductCountByAreaRDD 进行分组操作,并将分组操作的结果存储到 RDD 对象 productGroupByAreaRDD 中。在单例对象 AreaProductTop3 的 main()方法中添加如下代码。

```
val productGroupByAreaRDD =transProductCountByAreaRDD.groupByKey()
```

上述代码中,RDD 对象 productGroupByAreaRDD 中的每个元素都是键值对类型,其中键为区域名称,值是一个迭代器,迭代器中的每个元素为元组类型,元组的第一个元素为商品唯一标识,第二个元素为当前商品被查看次数的统计结果。

（11）在 Spark 程序中，通过 mapValues 算子对 RDD 对象 productGroupByAreaRDD 进行转换操作，并将转换操作的结果存储到 RDD 对象 sortedRDD 中。在单例对象 AreaProductTop3 的 main()方法中添加如下代码。

```
1   val sortedRDD =productGroupByAreaRDD
2         .mapValues(iterable =>iterable.toList.sortBy(-_._2))
```

上述代码中，通过 mapValues 算子对 RDD 对象 productGroupByAreaRDD 中每个键对应的迭代器执行操作，首先将其转换为一个 List 集合，List 集合中的每个元素同样为元组类型。然后根据元组中的第二个元素对 List 集合中的元素进行降序排序。

（12）在 Spark 程序中，通过 mapValues 算子对 RDD 对象 sortedRDD 进行转换操作，并将转换操作的结果存储到 RDD 对象 top3RDD 中。在单例对象 AreaProductTop3 的 main()方法中添加如下代码。

```
val top3RDD =sortedRDD.mapValues(_.take(3))
```

上述代码中，通过 mapValues 算子对 RDD 对象 sortedRDD 中每个键对应的 List 集合执行操作，通过 take()方法获取每个 List 集合的前 3 个元素，即各区域热门商品 Top3。

4.2.2　数据持久化

通过上一节内容实现的 Spark 程序仅仅获取了各区域热门商品 Top3 的分析结果。为了便于后续进行数据可视化，并确保分析结果的长期存储，需要进行数据持久化操作。本项目使用 HBase 作为数据持久化工具。接下来，分步骤讲解如何将各区域热门商品 Top3 的分析结果存储到 HBase 的表中，具体操作步骤如下。

（1）在单例对象 AreaProductTop3 中定义一个 top3ToHBase()方法，该方法用于向 HBase 的表 top3 中插入各区域热门商品 Top3 的分析结果，具体代码如下。

```
1   def top3ToHBase(rdd : RDD[(String, List[(String, Int)])]): Unit ={
2     //在 HBase 中创建表 top3 并向表中添加列族 top3_area_product
3     HBaseUtils.createtable("top3", "top3_area_product")
4     //创建数组 column,用于指定列标识的名称
5     val column =Array("area", "product_id", "viewcount")
6     rdd.foreach{case (address_name,list) =>
7       var rowKey =""
8       list.foreach{
9         case (product_id,view_count) =>
10          //创建数组 value,用于指定插入的数据
11          var value : Array[String] =Array()
12          //指定行键的内容
```

```
13          rowKey =address_name +product_id
14          value =value :+address_name
15          value =value :+product_id
16          value =value :+view_count.toString
17          HBaseUtils.putsToHBase(
18            "top3",
19            rowKey,
20            "top3_area_product",
21            column,
22            value
23          )
24      }
25    }
26  }
```

上述代码中,第14～16行代码用于依次向数组value的末尾插入区域名称、商品唯一标识和商品被查看次数的统计结果。第17～23行代码用于向HBase中表top3的列top3_area_product:area、top3_area_product:product_id和top3_area_product:viewcount插入数据,数据的内容依次为区域名称、商品唯一标识和商品被查看次数的统计结果。

(2) 在单例对象AreaProductTop3的main()方法中调用top3ToHBase()方法并将top3RDD作为参数传递,实现将各区域热门商品Top3的分析结果插入HBase的表top3中,具体代码如下。

```
1  try {
2    AreaProductTop3.top3ToHBase(top3RDD)
3  } catch {
4    case e: Exception =>
5        e.printStackTrace()
6  }
```

(3) 在单例对象AreaProductTop3的main()方法中添加关闭HBase连接和Spark连接的代码,具体代码如下。

```
1  HBaseConnect.closeConnection()
2  sc.stop()
```

4.3 运行Spark程序

为了充分利用集群资源分析各区域热门商品Top3,本项目使用spark-submit命令将Spark程序提交到YARN集群运行,具体操作步骤如下。

1. 封装jar文件

在IntelliJ IDEA主界面的右侧单击Maven选项卡标签展开Maven面板。首先,在

Maven 面板双击 Lifecycle 折叠项中的 clean 选项清除上一章进行封装 jar 文件的操作时生成的类文件、jar 文件等内容。然后，双击 package 选项再次将项目 SparkProject 封装为 jar 文件。最后将 jar 文件 SparkProject-1.0-SNAPSHOT-jar-with-dependencies.jar 重命名为 SparkProject.jar。

2. 启动大数据集群环境

在虚拟机 Spark01、Spark02 和 Spark03 依次启动 ZooKeeper 集群、Hadoop 集群和 HBase 集群。

3. 上传 jar 文件

首先，在虚拟机 Spark01 的/export/SparkJar 目录中删除 SparkProject.jar。然后，将新封装的 SparkProject.jar 上传到虚拟机 Spark01 的/export/SparkJar 目录。

4. 将 Spark 程序提交到 YARN 集群运行

在虚拟机 Spark01 的 Spark 安装目录中执行如下命令。

```
$bin/spark-submit \
--master yarn \
--deploy-mode cluster \
--num-executors 3 \
--executor-memory 2G \
--class cn.itcast.top3.AreaProductTop3 \
/export/SparkJar/SparkProject.jar \
/spark_data/user_session.txt
```

上述命令执行完成后，可以通过 YARN Web UI 查看 Spark 程序的运行状态。当 Spark 程序的运行状态中状态(State)和最终状态(FinalStatus)显示为 FINISHED 和 SUCCEEDED 时，说明 Spark 程序运行成功。

5. 查看各区域热门商品 Top3 的分析结果

在虚拟机 Spark01 执行 hbase shell 命令运行 HBase Shell，在 HBase Shell 中执行 scan 'top3'命令查询表 top3 中的数据，如图 4-2 所示。

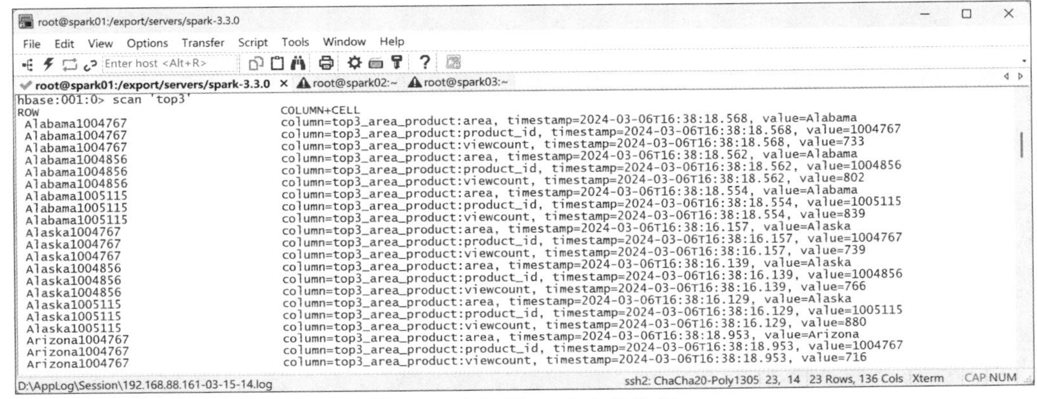

图 4-2　查询表 top3 中的数据

图 4-2 显示了表 top3 的部分数据,读者可以通过滑动鼠标滚轮来查看表 top3 的所有数据,说明成功将各区域热门商品 Top3 分析的结果存储到 HBase 的表 top3 中。从这些数据可以看出,在各区域热门商品 Top3 中名称为 Alabama 的区域中,排名前 3 的商品的唯一标识分别为 1005115、1004856 和 1004767,这些商品被查看的次数依次为 839、802 和 733。

至此,便完成了各区域热门商品 Top3 分析。

4.4 本章小结

本章主要讲解了各区域热门商品 Top3 分析的实现。首先,讲解了实现思路分析。然后,讲解了实现各区域热门商品 Top3 分析,包括实现 Spark 程序和数据持久化。最后,讲解了运行 Spark 程序。通过本章的学习,读者能够了解各区域热门商品 Top3 分析的实现思路,掌握运用 Spark 程序实现各区域热门商品 Top3 分析的技巧。

第 5 章 网站转化率统计

学习目标

- 了解数据集分析，能够描述用户浏览网站页面的行为中包含的信息；
- 熟悉实现思路分析，能够描述页面单跳转化率统计的实现思路；
- 掌握实现网站转化率统计，能够编写用于实现网站转化率统计的 Spark 程序；
- 掌握运行 Spark 程序，能够将 Spark 程序提交到 YARN 集群运行。

网站转化率是一个广义的概念，表示访问网站的用户中执行期望目标行动用户与所有用户的比例。目标行动可以包括浏览商品、购买商品或用户注册等。其中，页面单跳转化率则是网站转化率的一种具体表现形式，用于衡量用户在访问一个页面后执行预期目标动作的概率。通过对页面单跳转化率的统计，可以优化页面的布局和营销策略，提高用户在网站上的深度浏览。本章将讲解如何对电商网站的用户行为数据进行分析，从而基于页面单跳转化率统计网站转化率。

5.1 数据集分析

网站转化率统计使用的数据集为 Scala 程序模拟生成的用户行为数据。数据集中的每一行数据都记录了用户浏览网站页面的行为。下面，以数据集中的一条用户行为数据为例进行详细分析，具体内容如下。

```
    {"action_time":"2023-11-06 10:41:13",
"session_id":"dfadda377e2a4733a5c9ebc0d53be6e0","page_id":10,"user_id":24}
```

从上述内容可以看出，数据集中的每一条用户行为数据都以 JSON 对象的形式存在。该对象包含多个键值对，每个键值对代表着不同的信息。下面，通过解读这些键介绍用户行为数据中各项信息的含义。

- action_time：表示用户访问网站的时间。
- session_id：表示用户每次访问网站时生成的唯一标识。
- page_id：表示用户访问网站页面的唯一标识。
- user_id：表示用户的唯一标识。

5.2 实现思路分析

用户在浏览网站页面时,若从当前正在浏览的页面 A 跳转到另一页面 B 进行浏览,则被视为用户完成了一次由页面 A 到页面 B 的单向跳转。例如,统计由页面 A 到页面 B 的页面单跳转化率,计算公式如下。

页面单跳转化率=由页面 A 到页面 B 的单向跳转总次数/页面 A 的总访问次数

下面,通过图 5-1 详细描述本项目中网站转化率统计的实现思路。

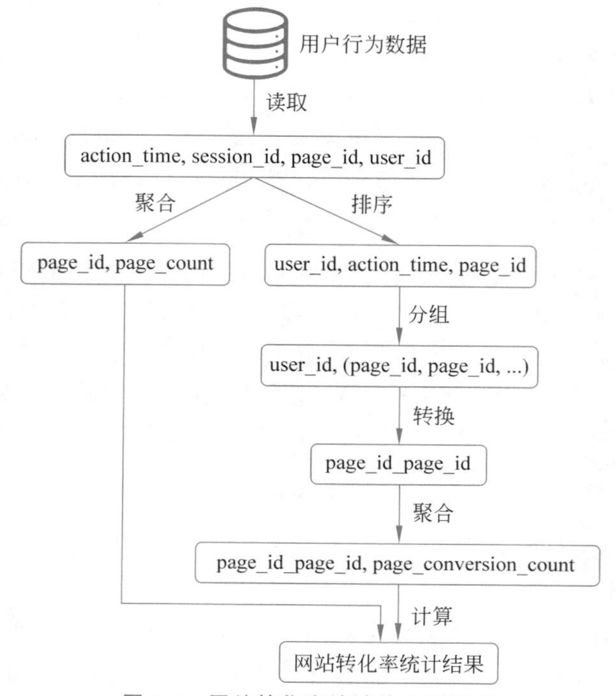

图 5-1 网站转化率统计的实现思路

针对网站转化率统计的实现思路进行如下讲解。

- 读取:读取模拟生成的用户行为数据。
- 聚合:统计每个页面被访问的次数(page_count)。
- 排序:提取用户访问网站的时间(action_time)、用户访问网站页面的唯一标识(page_id)和用户的唯一标识(user_id),并根据用户访问网站的时间进行升序排序,以获取用户访问页面的先后顺序。
- 分组:对排序结果进行分组处理,按访问的先后顺序排列每个用户访问的所有页面。
- 转换:将每个用户访问的所有页面中相邻页面的唯一标识转换为 page_id_ page_id 的形式。例如,如果相邻页面的唯一标识为 5 和 6,则转换结果为 5_6,表示由唯一标识为 5 的页面到唯一标识为 6 的页面的单向跳转。

- 聚合：统计不同页面之间单向跳转的次数(page_conversion_count)。
- 计算：将页面被访问的次数和该页面到另一个页面单向跳转的次数代入计算页面单跳转化率的公式中，计算页面单跳转化率。例如，如果唯一标识为 5 的页面被用户访问了 100 次，单向跳转 5_6 的次数为 50，那么页面单跳转化率为 50/100=0.5，即 50%。其意义是所有访问唯一标识为 5 的页面的用户中，有 50%的用户继续浏览了唯一标识为 6 的页面。

5.3　实现网站转化率统计

5.3.1　生成用户行为数据

在项目 SparkProject 的 src/main/scala 目录中，新建了一个名为 cn.itcast.conversion 的包。在 cn.itcast.conversion 包中创建一个名为 GenerateData 的 Scala 单例对象，在该单例对象中实现模拟生成用户行为数据，具体代码如文件 5-1 所示。

文件 5-1　**GenerateData.scala**

```
1  import org.apache.hadoop.conf.Configuration
2  import org.apache.hadoop.fs.{FileSystem, Path}
3  import org.json.JSONObject
4  import scala.util.Random
5  import java.time.LocalDateTime
6  import java.time.format.DateTimeFormatter
7  object GenerateData{
8    def generateData(): Unit ={
9      //指定具有 HDFS 操作权限的用户 root
10     System.setProperty("HADOOP_USER_NAME","root")
11     val random =new Random()
12     val dateTimeFormatter =
13             DateTimeFormatter.ofPattern("yyyy-MM-dd HH:mm:ss")
14     //指定模拟生成用户访问网站的起始时间为 2024-03-07 00:00:00
15     val startDate =LocalDateTime.of(2024, 3, 7, 0, 0, 0)
16     val conf =new Configuration()
17     //配置 HDFS 服务的地址
18     conf.set("fs.defaultFS","hdfs://192.168.88.161:9000")
19     val fs =FileSystem.get(conf)
20     //指定写入用户行为数据的文件路径/page_conversion/user_conversion.json
21     val outputPath =new Path("/page_conversion/user_conversion.json")
22     val outputStream =fs.create(outputPath)
23     for (_ <-1to 10000) {
24       val randomSeconds =random.nextInt(86400)
25       //模拟生成用户访问网站的时间
```

```
26          val actionTime =startDate.plusSeconds(randomSeconds.toLong)
27          //模拟用户每次访问网站时生成的唯一标识
28          val sessionId =java.util.UUID.randomUUID().toString
29          //模拟生成用户访问网站页面的唯一标识
30          val pageId =1+random.nextInt(10)
31          //模拟生成用户的唯一标识
32          val userId =1+random.nextInt(100)
33          val visitData =new JSONObject()
34          visitData.put("action_time", dateTimeFormatter.format(actionTime))
35          visitData.put("session_id", sessionId)
36          visitData.put("page_id", pageId)
37          visitData.put("user_id", userId)
38          //将模拟生成的用户行为数据写入 HDFS 的指定文件中
39          outputStream.writeBytes(visitData.toString +"\n")
40        }
41        outputStream.close()
42        fs.close()
43      }
44      def main(args: Array[String]): Unit ={
45        generateData()
46      }
47    }
```

上述代码中,第23～40行代码通过for循环模拟生成10000条用户行为数据,其中第33～37行代码,用于将模拟生成的用户行为数据调整为JSON对象的格式。

确保Hadoop集群正常启动后,运行文件5-1。当文件5-1运行完成后,查看HDFS的目录/page_conversion中文件user_conversion.json的内容。在虚拟机Spark01执行如下命令。

```
$hdfs dfs -cat /page_conversion/user_conversion.json
```

上述命令执行完成的效果如图5-2所示。

图5-2展示了文件user_conversion.json的部分数据,这些数据记录了用户浏览网站页面的行为。因此说明,成功将模拟生成的用户行为数据写入了HDFS。

5.3.2　实现Spark程序

在项目SparkProject的包cn.itcast.conversion中新建一个名为PageConversion的Scala单例对象,在该单例对象中实现网站转化率统计的Spark程序,具体实现过程如下。

(1) 由于本项目需要通过Spark SQL实现网站转化率统计,所以在实现Spark程序之前,需要在项目SparkProject中添加Spark SQL依赖。在配置文件pom.xml的<dependencies>标签中添加如下内容。

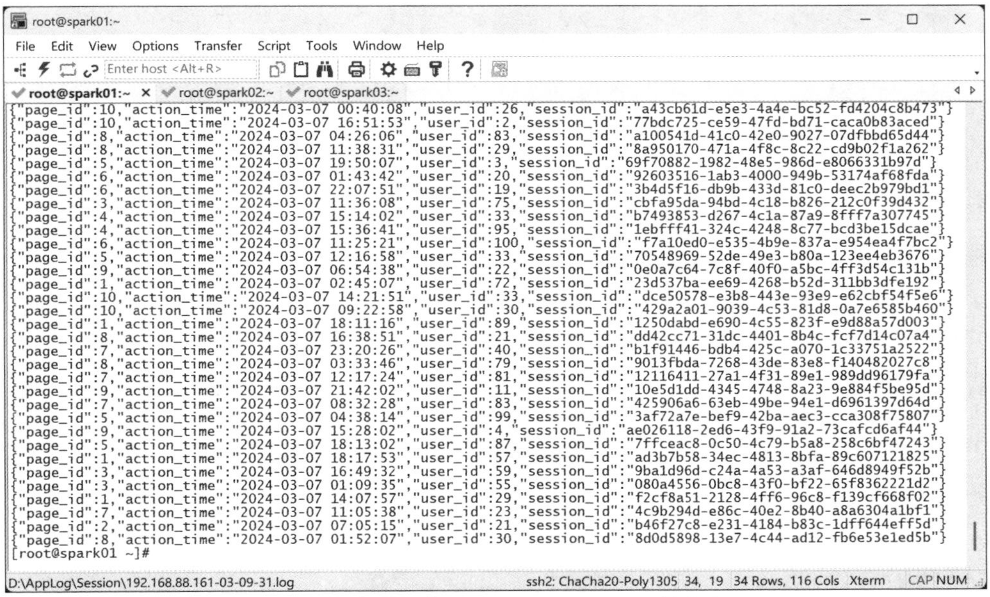

```
{"page_id":10,"action_time":"2024-03-07 00:40:08","user_id":26,"session_id":"a43cb61d-e5e3-4a4e-bc52-fd4204c8b473"}
{"page_id":10,"action_time":"2024-03-07 16:51:53","user_id":2,"session_id":"77bdc725-ce59-47fd-bd71-caca0b83aced"}
{"page_id":8,"action_time":"2024-03-07 04:26:06","user_id":83,"session_id":"a100541d-41c0-42e0-9027-07dfbbd65d44"}
{"page_id":8,"action_time":"2024-03-07 11:38:31","user_id":29,"session_id":"8a950170-471a-4f8c-8c22-cd9b02f1a262"}
{"page_id":5,"action_time":"2024-03-07 19:50:07","user_id":3,"session_id":"69f70882-1982-48e5-986d-e8066331b97d"}
{"page_id":6,"action_time":"2024-03-07 01:43:42","user_id":20,"session_id":"92603516-1ab3-4000-949b-53174af68fda"}
{"page_id":6,"action_time":"2024-03-07 22:07:51","user_id":19,"session_id":"3b4d5f16-db9b-433d-81c0-deec2b979bd1"}
{"page_id":3,"action_time":"2024-03-07 11:36:08","user_id":75,"session_id":"cbfa95da-94bd-4c18-b826-212c0f39d432"}
{"page_id":4,"action_time":"2024-03-07 15:14:02","user_id":33,"session_id":"b7493853-d267-4c1a-87a9-8fff7a307745"}
{"page_id":4,"action_time":"2024-03-07 15:36:41","user_id":95,"session_id":"1ebfff41-324c-4248-8c77-bcd3be15dcae"}
{"page_id":6,"action_time":"2024-03-07 11:25:21","user_id":100,"session_id":"f7a10ed0-e535-4b9e-837a-e954ea4f7bc2"}
{"page_id":5,"action_time":"2024-03-07 12:16:58","user_id":33,"session_id":"70548969-52de-49e3-b80a-123ee4eb3676"}
{"page_id":9,"action_time":"2024-03-07 06:54:38","user_id":22,"session_id":"0e0a7c64-7c8f-40f0-a5bc-4ff3d54c131b"}
{"page_id":1,"action_time":"2024-03-07 02:45:07","user_id":72,"session_id":"23d537ba-ee69-4268-b52d-311bb3dfe192"}
{"page_id":10,"action_time":"2024-03-07 14:21:51","user_id":33,"session_id":"dce50578-e3b8-443e-93e9-e62cbf54f5e6"}
{"page_id":10,"action_time":"2024-03-07 09:22:58","user_id":30,"session_id":"429a2a01-9039-4c53-81d8-0a7e6585b460"}
{"page_id":1,"action_time":"2024-03-07 18:11:16","user_id":89,"session_id":"1250dabd-e690-4c55-823f-e9d88a57d003"}
{"page_id":8,"action_time":"2024-03-07 16:38:51","user_id":21,"session_id":"dd42cc71-31dc-4401-8b4c-fcf7d14c07a4"}
{"page_id":7,"action_time":"2024-03-07 23:20:26","user_id":40,"session_id":"b1f91446-bdb4-425c-a070-1c33751a2522"}
{"page_id":8,"action_time":"2024-03-07 03:33:46","user_id":79,"session_id":"9013fbda-7268-43de-83e8-f140482027c8"}
{"page_id":7,"action_time":"2024-03-07 12:17:24","user_id":81,"session_id":"12116411-27a1-4f31-89e1-989dd96179fa"}
{"page_id":9,"action_time":"2024-03-07 21:42:02","user_id":11,"session_id":"10e5d1dd-4345-4748-8a23-9e884f5be95d"}
{"page_id":7,"action_time":"2024-03-07 08:32:28","user_id":83,"session_id":"425906a6-63eb-49be-94e1-d6961397d64d"}
{"page_id":5,"action_time":"2024-03-07 04:38:14","user_id":99,"session_id":"3af72a7e-bef9-42ba-aec3-cca308f75807"}
{"page_id":9,"action_time":"2024-03-07 15:28:02","user_id":4,"session_id":"ae026118-2ed6-43f9-91a2-73cafcd6af44"}
{"page_id":5,"action_time":"2024-03-07 18:13:02","user_id":87,"session_id":"7ffceac8-0c50-4c79-b5a8-258c6bf47243"}
{"page_id":1,"action_time":"2024-03-07 18:17:53","user_id":57,"session_id":"ad3b7b58-34ec-4813-8bfa-89c607121825"}
{"page_id":3,"action_time":"2024-03-07 16:49:32","user_id":59,"session_id":"9ba1d96d-c24a-4a53-a3af-646d8949f52b"}
{"page_id":3,"action_time":"2024-03-07 01:09:35","user_id":55,"session_id":"080a4556-0bc8-43f0-bf22-65f8362221d2"}
{"page_id":1,"action_time":"2024-03-07 14:07:57","user_id":29,"session_id":"f2cf8a51-2128-4ff6-96c8-f139cf668f02"}
{"page_id":7,"action_time":"2024-03-07 11:05:38","user_id":23,"session_id":"4c9b294d-e86c-40e2-8b40-a8a6304a1bf1"}
{"page_id":2,"action_time":"2024-03-07 07:05:15","user_id":21,"session_id":"b46f27c8-e231-4184-b83c-1dff644eff5d"}
{"page_id":8,"action_time":"2024-03-07 01:52:07","user_id":30,"session_id":"8d0d5898-13e7-4c44-ad12-fb6e53e1ed5b"}
[root@spark01 ~]#
```


图 5-2　查看文件 user_conversion.json 的内容

```
1  <dependency>
2      <groupId>org.apache.spark</groupId>
3      <artifactId>spark-sql_2.12</artifactId>
4      <version>3.3.0</version>
5  </dependency>
```

上述内容添加完成后，在 IntelliJ IDEA 的 Maven 窗口中确认 Spark SQL 依赖是否存在于项目 SparkProject 中。

(2) 在单例对象 PageConversion 中添加 main()方法，用于定义 Spark 程序的实现逻辑，具体代码如文件 5-2 所示。

文件 5-2　PageConversion.scala

```
1  package cn.itcast.conversion
2  object PageConversion {
3    def main(args: Array[String]): Unit ={
4      //实现逻辑
5    }
6  }
```

(3) 在 Spark 程序中创建 SparkSession 对象 spark，用于配置并管理 Spark 程序的执行。在单例对象 PageConversion 的 main()方法中添加如下代码。

```
1  val spark =SparkSession.builder()
2    .appName("PageConversion")
```

```
3   .getOrCreate()
```

上述代码指定 Spark 程序的名称为 PageConversion。

(4) 在 Spark 程序中,通过 DataFrame API 提供的 json()方法从 HDFS 中读取 JSON 格式的用户行为数据,并将读取的数据注册为临时视图 conversion_table。在单例对象 PageConversion 的 main()方法中添加如下代码。

```
spark.read.json(args(0)).createOrReplaceTempView("conversion_table")
```

上述代码中,使用 args(0)代替用户行为数据的具体路径,以便将 Spark 程序提交到 YARN 集群运行时,可以更加灵活地通过 spark-submit 命令的参数来指定用户行为数据的具体路径。

(5) 在 Spark 程序中,通过 DataFrame API 提供的 sql()方法执行 SQL 语句,基于临时视图 conversion_table 统计每个页面被访问的次数,并将 SQL 语句的执行结果存储到 DataFrame 对象 pageVisitStatsDF 中。在单例对象 PageConversion 的 main()方法中添加如下代码。

```
1   val pageVisitStatsDF = spark.sql(
2         "select page_id," +
3                 "count(*) as page_count " +
4         "from conversion_table " +
5         "group by page_id"
6     )
```

上述代码中的 SQL 语句使用了 group by 子句,按照字段 page_id 进行分组。对于每个分组,使用了 count()函数计算该分组中记录的数量,并将计算结果作为新的字段 page_count 返回,该字段中记录了每个页面被访问的次数。

(6) 在 Spark 程序中,通过 DataFrame API 提供的 sql()方法执行 SQL 语句,基于临时视图 conversion_table 按照用户访问网站的时间进行升序排序,并将 SQL 语句的执行结果注册为临时视图 conversion_sort_table。在单例对象 PageConversion 的 main()方法中添加如下代码。

```
1   spark.sql(
2           "select user_id," +
3                   "action_time," +
4                   "page_id " +
5           "from conversion_table " +
6           "order by user_id,action_time")
7         .createOrReplaceTempView("conversion_sort_table")
```

上述代码中的 SQL 语句使用了 order by 子句,按照字段 user_id 和 action_time 进行升序排序,获取用户访问页面的先后顺序。

（7）在 Spark 程序中，通过 DataFrame API 提供的 sql()方法执行 SQL 语句，基于临时视图 conversion_sort_table 合并每个用户访问的所有页面，并将 SQL 语句的执行结果存储到 RDD 对象 pageConversionRDD 中。在单例对象 PageConversion 的 main()方法中添加如下代码。

```
1  val pageConversionRDD: RDD[Row] =
2        spark.sql(
3            "select user_id," +
4              "concat_ws(',',collect_list(page_id)) as page_list " +
5            "from conversion_sort_table " +
6            "group by user_id").rdd
```

上述代码中的 SQL 语句使用 group by 子句，按照字段 user_id 进行分组。对于每个分组，首先，使用 collect_list()函数将字段 page_id 的值合并到一个列表。然后，使用 concat_ws()函数将列表中的每个值合并为一个逗号分隔的字符串，并将合并结果作为新的字段 page_list 返回，该字段中记录了用户访问的所有页面的唯一标识。

（8）在 Spark 程序中，通过 flatMap 算子对 RDD 对象 pageConversionRDD 进行转换操作，并将转换操作的结果存储到 RDD 对象 rowRDD 中。在单例对象 PageConversion 的 main()方法中添加如下代码。

```
1  val rowRDD: RDD[Row] =pageConversionRDD.flatMap {
2    row =>
3      //创建集合 list,用于存储页面唯一标识转换为单向跳转的形式
4      val list: ListBuffer[Row] =new ListBuffer[Row]()
5      val page: Array[String] =row.getString(1).split(",")
6      for (i <-0 until page.length -1) {
7        if (page(i) !=page(i +1)) {
8          val pageConversionStr: String =page(i) +"_" +page(i +1)
9          list +=RowFactory.create(pageConversionStr)
10       }
11     }
12     list.iterator
13 }
```

上述代码中，第 5 行代码用于获取记录用户访问的所有页面的唯一标识的字符串，并通过逗号将其拆分为数组 page。第 6～11 行代码用于遍历数组 page，获取每个页面唯一标识，如果两个相邻页面的唯一标识不相等，则将它们通过字符“_”合并为字符串，并添加到集合 list 中。

（9）在 Spark 程序中创建 StructType 对象 schema，用于指定数据结构。在单例对象 PageConversion 的 main()方法中添加如下代码。

```
1  val schema: StructType =DataTypes.createStructType(
```

```
2    Array(
3      DataTypes.createStructField(
4        "page_conversion",
5        DataTypes.StringType,
6        true
7      )
8    )
9  )
```

上述代码指定的数据结构包含一个名为 page_conversion 的字段,该字段的数据类型为 String 并且允许值为空。

(10) 在 Spark 程序中,基于 StructType 对象 schema 中指定的数据结构,将 RDD 对象 rowRDD 转换为 DataFrame 对象,并将其注册为临时视图 page_conversion_table。在单例对象 PageConversion 的 main()方法中添加如下代码。

```
1  spark.createDataFrame(rowRDD, schema)
2       .createOrReplaceTempView("page_conversion_table")
```

(11) 在 Spark 程序中,通过 DataFrame API 提供的 sql()方法执行 SQL 语句,基于临时视图 page_conversion_table 统计不同页面之间单向跳转的次数,并将 SQL 语句的执行结果注册为临时视图 page_conversion_count_table。在单例对象 PageConversion 的 main()方法中添加如下代码。

```
1  spark.sql(
2      "select page_conversion," +
3              "count(*) as page_conversion_count " +
4      "from page_conversion_table " +
5      "group by page_conversion"
6  ).createOrReplaceTempView("page_conversion_count_table")
```

上述代码中的 SQL 语句使用了 group by 子句,按照字段 page_conversion 进行分组。对于每个分组,使用 count()函数计算该分组中记录的数量,并将计算结果作为新的字段 page_conversion_count 返回,该字段记录了不同页面之间单向跳转的次数。

(12) 在 Spark 程序中,通过 DataFrame API 提供的 sql()方法执行 SQL 语句,对临时视图 page_conversion_count_table 中字段 page_conversion 的值进行转换,并将 SQL 语句的执行结果存储到 DataFrame 对象 pageConversionCountDF 中。在单例对象 PageConversion 的 main()方法中添加如下代码。

```
1  val pageConversionCountDF =spark.sql(
2    "select page_conversion_count," +
3              "split(page_conversion,'_')[0] as start_page," +
```

```
4             "split(page_conversion,'_')[1] as last_page " +
5      "from page_conversion_count_table"
6  )
```

上述代码中的SQL语句使用split()函数，根据字符“_”将字段page_conversion的内容拆分为两部分，并分别将这两部分作为新的字段start_page和last_page返回。其中，字段start_page记录了不同页面之间单向跳转的起始页面的唯一标识；字段last_page记录了不同页面之间单向跳转的结束页面的唯一标识。

(13) 在Spark程序中，通过join算子对DataFrame对象pageConversionCountDF和pageVisitStatsDF进行左外连接操作，并将操作结果注册为临时视图page_conversion_join。在单例对象PageConversion的main()方法中添加如下代码。

```
1  pageConversionCountDF.join(
2    pageVisitStatsDF,
3    col("start_page").equalTo(col("page_id")),
4    "left"
5  ).createOrReplaceTempView("page_conversion_join")
```

上述代码中指定的连接条件为DataFrame对象pageConversionCountDF中字段start_page的值等于DataFrame对象pageVisitStatsDF中字段page_id的值。通过对DataFrame对象pageConversionCountDF和pageVisitStatsDF进行左外连接，可以在临时视图page_conversion_join中将页面的总访问次数和该页面跳转到其他页面的单跳次数相关联，便于后续通过这两个值计算页面单跳转化率。

(14) 在Spark程序中，通过DataFrame API提供的sql()方法执行SQL语句，计算页面单跳转化率，并将SQL语句的执行结果存储到DataFrame对象resultDF中。在单例对象PageConversion的main()方法中添加如下代码。

```
1  val resultDF =spark.sql(
2    "select concat(page_id,'_',last_page) as conversion," +
3  "round(CAST(page_conversion_count AS DOUBLE)/CAST(page_count AS DOUBLE)," +
4      "5) as rage " +
5      "from page_conversion_join"
6  )
```

上述代码中的SQL语句，首先使用concat()函数将字段page_id和last_page的值通过字符“_”拼接为新的字符串，并将其作为新的字段conversion返回，该字段中的记录为不同页面之间单向跳转的形式。然后，使用cast()函数将字段page_conversion_count和page_count的值转换为Double类型，并对这两个字段的值进行除法运算，获取页面单跳转化率。最后，使用round()函数对除法运算的结果四舍五入到小数点后五位，并将其作为新的字段rage返回。

5.3.3　数据持久化

通过记录历史事件、文化传统和社会变迁，有助于人们对历史的正确理解和认识，从而在思想上得到启迪和教育。上一节内容实现的 Spark 程序仅仅获取了网站转化率的统计结果。为了便于后续进行数据可视化，并确保分析结果的长期存储，需要进行数据持久化操作。本项目使用 HBase 作为数据持久化工具。接下来，分步骤讲解如何将网站转化率的统计结果存储到 HBase 的表中，具体操作步骤如下。

(1) 在单例对象 PageConversion 中定义一个 conversionToHBase()方法，该方法用于向 HBase 的表 conversion 中插入网站转化率的统计结果，具体代码如下。

```
1  def conversionToHBase(dataframe: DataFrame): Unit ={
2    //在 HBase 中创建表 conversion 并向表中添加列族 page_conversion
3    HBaseUtils.createtable("conversion","page_conversion")
4    //创建数组 column,用于指定列标识的名称
5    val column =Array("convert_page", "convert_rage")
6    dataframe.foreach {
7      row =>
8        //获取不同页面之间的单向跳转
9        val conversion =row.getString(0)
10       //获取页面单跳转化率
11       val rage =row.getDouble(1).toString
12       //创建数组 value,用于指定插入的数据
13       val value =Array(conversion, rage)
14       HBaseUtils.putsToHBase(
15         "conversion",
16         conversion +rage,
17         "page_conversion",
18         column,
19         value
20       )
21   }
22 }
```

上述代码中，第 14～20 行代码用于向 HBase 中表 conversion 的列 page_conversion:convert_page 和 page_conversion:convert_rage 插入数据，数据的内容依次为不同页面之间的单向跳转和页面单跳转化率。

(2) 在单例对象 PageConversion 的 main()方法中调用 conversionToHBase()方法并将 resultDF 作为参数传递，实现将网站转化率的统计结果插入 HBase 的表 conversion 中，具体代码如下。

```
1  try {
2    PageConversion.conversionToHBase(resultDF)
```

```
3    } catch {
4      case e: Exception =>e.printStackTrace()
5    }
```

（3）在单例对象 PageConversion 的 main()方法中添加关闭 HBase 连接的代码，具体代码如下。

```
HBaseConnect.closeConnection()
```

5.4　运行 Spark 程序

为了充分利用集群资源统计网站转化率，本项目使用 spark-submit 命令将 Spark 程序提交到 YARN 集群运行，具体操作步骤如下。

1. 封装 jar 文件

在 IntelliJ IDEA 主界面的右侧单击 Maven 选项卡标签展开 Maven 窗口。首先，在 Maven 窗口中双击 Lifecycle 折叠框中的 clean 选项清除上一章进行封装 jar 文件的操作时生成的类文件、jar 文件等内容。然后，双击 package 选项再次将项目 SparkProject 封装为 jar 文件。最后将 jar 文件 SparkProject-1.0-SNAPSHOT-jar-with-dependencies.jar 重命名为 SparkProject.jar。

2. 启动大数据集群环境

在虚拟机 Spark01、Spark02 和 Spark03 依次启动 ZooKeeper 集群、Hadoop 集群和 HBase 集群。

3. 上传 jar 文件

首先，在虚拟机 Spark01 的/export/SparkJar 目录中删除 SparkProject.jar。然后，将新封装的 SparkProject.jar 上传到虚拟机 Spark01 的/export/SparkJar 目录中。

4. 将 Spark 程序提交到 YARN 集群运行

在虚拟机 Spark01 的 Spark 安装目录中执行如下命令。

```
$bin/spark-submit \
--master yarn \
--deploy-mode cluster \
--num-executors 3 \
--executor-memory 2G \
--class cn.itcast.conversion.PageConversion \
/export/SparkJar/SparkProject.jar \
/page_conversion/user_conversion.json
```

上述命令执行完成后，可以通过 YARN Web UI 查看 Spark 程序的运行状态。当 Spark 程序的运行状态中状态（State）和最终状态（FinalStatus）显示为 FINISHED 和 SUCCEEDED 时，说明 Spark 程序运行成功。

5. 查看网站转化率的统计结果

在虚拟机 Spark01 上执行 hbase shell 命令运行 HBase Shell，在 HBase Shell 中执行 scan 'conversion'命令查询表 conversion 中的数据，如图 5-3 所示。

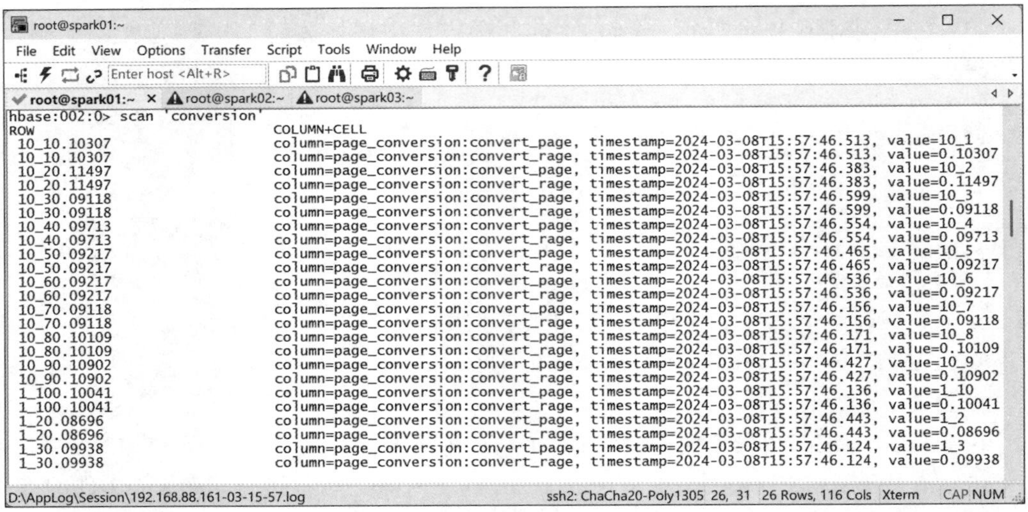
root@spark01:~
File Edit View Options Transfer Script Tools Window Help
Enter host <Alt+R>
root@spark01:~ root@spark02:~ root@spark03:~
hbase:002:0> scan 'conversion'
ROW COLUMN+CELL
10_10.10307 column=page_conversion:convert_page, timestamp=2024-03-08T15:57:46.513, value=10_1
10_10.10307 column=page_conversion:convert_rage, timestamp=2024-03-08T15:57:46.513, value=0.10307
10_20.11497 column=page_conversion:convert_page, timestamp=2024-03-08T15:57:46.383, value=10_2
10_20.11497 column=page_conversion:convert_rage, timestamp=2024-03-08T15:57:46.383, value=0.11497
10_30.09118 column=page_conversion:convert_page, timestamp=2024-03-08T15:57:46.599, value=10_3
10_30.09118 column=page_conversion:convert_rage, timestamp=2024-03-08T15:57:46.599, value=0.09118
10_40.09713 column=page_conversion:convert_page, timestamp=2024-03-08T15:57:46.554, value=10_4
10_40.09713 column=page_conversion:convert_rage, timestamp=2024-03-08T15:57:46.554, value=0.09713
10_50.09217 column=page_conversion:convert_page, timestamp=2024-03-08T15:57:46.465, value=10_5
10_50.09217 column=page_conversion:convert_rage, timestamp=2024-03-08T15:57:46.465, value=0.09217
10_60.09217 column=page_conversion:convert_page, timestamp=2024-03-08T15:57:46.536, value=10_6
10_60.09217 column=page_conversion:convert_rage, timestamp=2024-03-08T15:57:46.536, value=0.09217
10_70.09118 column=page_conversion:convert_page, timestamp=2024-03-08T15:57:46.156, value=10_7
10_70.09118 column=page_conversion:convert_rage, timestamp=2024-03-08T15:57:46.156, value=0.09118
10_80.10109 column=page_conversion:convert_page, timestamp=2024-03-08T15:57:46.171, value=10_8
10_80.10109 column=page_conversion:convert_rage, timestamp=2024-03-08T15:57:46.171, value=0.10109
10_90.10902 column=page_conversion:convert_page, timestamp=2024-03-08T15:57:46.427, value=10_9
10_90.10902 column=page_conversion:convert_rage, timestamp=2024-03-08T15:57:46.427, value=0.10902
1_100.10041 column=page_conversion:convert_page, timestamp=2024-03-08T15:57:46.136, value=1_10
1_100.10041 column=page_conversion:convert_rage, timestamp=2024-03-08T15:57:46.136, value=0.10041
1_20.08696 column=page_conversion:convert_page, timestamp=2024-03-08T15:57:46.443, value=1_2
1_20.08696 column=page_conversion:convert_rage, timestamp=2024-03-08T15:57:46.443, value=0.08696
1_30.09938 column=page_conversion:convert_page, timestamp=2024-03-08T15:57:46.124, value=1_3
1_30.09938 column=page_conversion:convert_rage, timestamp=2024-03-08T15:57:46.124, value=0.09938
D:\AppLog\Session\192.168.88.161-03-15-57.log ssh2: ChaCha20-Poly1305 26, 31 26 Rows, 116 Cols Xterm CAP NUM

图 5-3 数据表 conversion 中的部分数据

图 5-3 显示了表 conversion 的部分数据，读者可以通过滑动鼠标滚轮来查看表 conversion 的所有数据，说明成功将网站转化率统计的结果存储到 HBase 的表 conversion 中。从这些数据可以看出不同页面的单跳转化率。例如，在所有访问唯一标识为 10 的页面的用户中，有 10.307%(0.10307)的用户继续访问了唯一标识为 1 的页面。需要说明的是，本需求使用的数据集为模拟生成，所以统计结果会有所差异。

至此，便完成了网站转化率统计。

5.5 本章小结

本章主要讲解了网站转化率统计的实现。首先，讲解了数据集和实现思路的分析。然后，讲解了实现网站转化率统计，包括生成用户行为数据、实现 Spark 程序和数据持久化。最后，讲解了运行 Spark 程序。通过本章的学习，读者能够了解网站转化率统计的实现思路，掌握运用 Spark 程序实现网站转化率统计的技巧。

第 6 章 广告点击流实时统计

学习目标

- 了解数据集分析，能够描述用户点击广告的行为中包含的信息；
- 熟悉实现思路分析，能够描述广告点击流实时统计的实现思路；
- 熟悉表设计，能够使用 HBase Shell 在 HBase 中创建表并向表中插入数据；
- 掌握实现广告点击流实时统计，能够编写用于实现广告点击流实时统计的 Spark 程序；
- 掌握运行 Spark 程序，能够将 Spark 程序提交到 YARN 集群运行。

电子商务网站经常设有专门的区域用于展示广告，旨在推广特定商品或服务。这些广告不仅能吸引访问者，增加网站流量，还能为网站带来潜在客户，促进用户互动。实时的广告点击流统计对于企业来说至关重要，它们能够帮助企业实时监控广告投放效果，及时调整策略，确保广告投放的成功。本章将讲解如何对电商网站的用户行为数据进行实时统计，从而获取用户点击广告的情况。

6.1 数据集分析

广告点击流实时统计使用的数据集为模拟生成的用户行为数据，这些数据由 Kafka 实时传输到 Spark 程序进行处理。数据集中的每一行数据都记录了用户在电商网站中点击广告的行为。下面，以数据集中的一条用户行为数据为例进行详细分析，具体内容如下。

```
1596006895171,16,6,tianjin
```

从上述内容可以看出，数据集中的用户行为数据由 4 个主要部分组成，从左到右依次记录了用户点击广告的时间、用户的唯一标识、广告的唯一标识以及用户点击广告时所在的城市名称。

6.2 实现思路分析

在本项目中，实现广告点击流实时统计的核心在于统计不同城市中各广告被点击的次数。为了提升统计结果的准确性，引入了用户黑名单机制，以防止用户恶意点击广告的行为。一旦用户在指定时间范围内点击广告的次数超过预设的阈值,便认为该用户存在恶意点击广告的行为,其后续的点击行为不再计入统计。下面,通过图6-1详细描述本项目中广告点击流实时统计的实现思路。

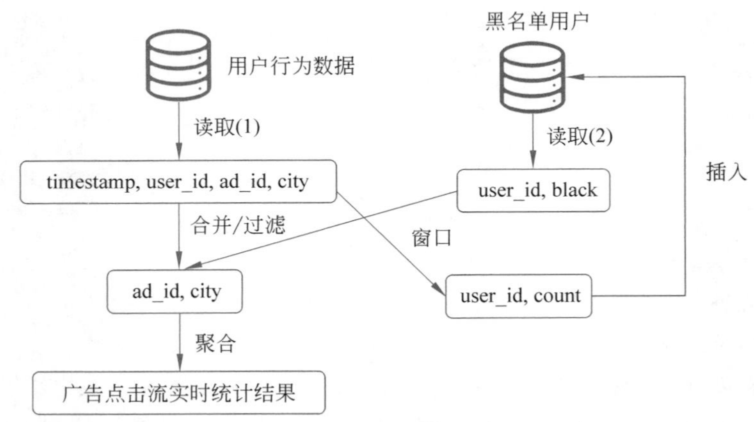

图6-1 广告点击流实时统计的实现思路

针对广告点击流实时统计的实现思路进行如下讲解。

- 读取(1):模拟生成的用户行为数据通过 Kafka 生产者实时推送至指定主题,而 Spark 程序则作为 Kafka 消费者,通过对相应主题的订阅,实现用户行为数据的读取。
- 读取(2):从 HBase 的指定表中读取黑名单用户并通过 black 对其进行标记。
- 窗口:执行窗口操作以统计在20秒内各用户点击广告的次数。
- 插入:如果某用户在20秒内点击广告的次数超过10次,我们将其视为存在恶意点击广告的行为,并将该用户添加到记录黑名单用户的表中。
- 合并/过滤:对用户行为数据与读取的黑名单用户进行合并后,检查合并后数据中是否包含黑名单标识 black。存在该标识则表明当前读取的用户行为数据来自黑名单用户,因此需要进行过滤,仅保留非黑名单用户的数据。从保留的用户行为数据中提取广告唯一标识(ad_id)以及城市名称(city)。
- 聚合:统计各城市中不同广告被点击的次数。

6.3 表设计

本需求涉及将广告点击流实时统计的结果写入 HBase 表 adClick,并通过读取 HBase 表 blackList 获取黑名单用户。因此在实现本需求之前,需要先在 HBase 中创建表 adClick 和 blackList,具体操作步骤如下。

1. 启动大数据集群环境

在虚拟机 Spark01、Spark02 和 Spark03 中依次启动 ZooKeeper 集群、Hadoop 集群和 HBase 集群。

2. 创建表 blackList

在 HBase 中创建表 blackList,该表包含一个列族 black_user,用于存储黑名单用户。在虚拟机 Spark01 运行 HBase Shell,并执行如下命令。

```
>create 'blackList','black_user'
```

3. 向表 blackList 插入数据

向表 blackList 中插入 3 条数据,用于模拟已存在的黑名单用户。在 HBase Shell 执行下列命令。

```
>put 'blackList', 'user_33', 'black_user:user_id', '33'
>put 'blackList', 'user_44', 'black_user:user_id', '44'
>put 'blackList', 'user_55', 'black_user:user_id', '55'
```

上述命令中,指定黑名单用户的用户唯一标识分别为 33、44 和 55。

4. 创建表 adClick

在 HBase 中创建表 adClick,该表包含一个列族 ad_info,用于存储广告点击流实时统计的结果。在 HBase Shell 执行如下命令。

```
>create 'adClick','ad_info'
```

6.4 实现广告点击流实时统计

6.4.1 生成用户行为数据

本需求通过建立 Kafka 生产者来模拟生成用户行为数据,具体实现过程如下。

(1) 本需求中的用户行为数据由 Kafka 生产者生成,并通过 Kafka 实时传输至由 Structured Streaming 实现的 Spark 程序进行处理。因此,在项目 SparkProject 中,需要添加 Structured Streaming 集成 Kafka 的依赖。在配置文件 pom.xml 的<dependencies>标签中添加如下内容。

```
1  <dependency>
2      <groupId>org.apache.spark</groupId>
3      <artifactId>spark-sql-kafka-0-10_2.12</artifactId>
4      <version>3.3.0</version>
5  </dependency>
```

(2) 在项目 SparkProject 的 src/main/scala 目录下,新建了一个名为 cn.itcast.ad 的包。在 cn.itcast.ad 包中创建一个名为 RealTimeEventProducer 的 Scala 单例对象,在该单例对象中实现模拟生成用户行为数据,具体代码如文件 6-1 所示。

文件 6-1 RealTimeEventProducer.scala

```
1  import org.apache.kafka.clients.producer._
2  import java.util.Properties
3  import scala.util.Random
4  object RealTimeEventProducer {
5    def main(args: Array[String]): Unit = {
6      //指定 Kafka 中主题的名称
7      val topic = "ad"
8      //创建数组 cities,用于指定城市名称
9      val cities = Array(
10       "beijing",
11       "tianjin",
12       "shanghai",
13       "chongqing",
14       "shenzhen",
15       "guangzhou",
16       "nanjing",
17       "chengdu",
18       "zhengzhou",
19       "hefei",
20       "wuhan"
21     )
22     val random = new Random()
23     val props = new Properties()
24     //指定 Kafka 集群地址
25     props.put("bootstrap.servers",
26       "spark01:9092,spark02:9092,spark03:9092")
27     //使用序列化器 StringSerializer 对 Kafka 传递消息的键进行序列化
28     props.put("key.serializer",
29       "org.apache.kafka.common.serialization.StringSerializer")
30     //使用序列化器 StringSerializer 对 Kafka 传递消息的值进行序列化
31     props.put("value.serializer",
32       "org.apache.kafka.common.serialization.StringSerializer")
33     //指定 Kafka 生产者需要等待所有分区的所有副本都成功写入消息后才会收到确认
34     props.put("acks","all")
35     val producer = new KafkaProducer[String, String](props)
36     while (true) {
37       //模拟生成用户点击广告的时间
38       val timestamp = System.currentTimeMillis().toString
39       //模拟生成用户的唯一标识
40       val userId = random.nextInt(100).toString
41       //模拟生成广告的唯一标识
42       val adId = random.nextInt(10).toString
```

```
43        //模拟生成用户点击广告时所在的城市名称
44        val city =cities(random.nextInt(cities.length))
45        val value =timestamp +"," +userId +"," +adId +"," +city
46        val record =new ProducerRecord[String, String](topic, value)
47        producer.send(record)
48        //指定每条用户行为数据生成的时间间隔为 500 毫秒
49        Thread.sleep(500)
50      }
51    }
52 }
```

上述代码中,第 36～50 行代码通过 while 持续生成用户行为数据,并通过 Kafka 生产者将其实时推送至指定的 Kafka 主题。

(3) 确保 ZooKeeper 集群处于启动状态,分别在虚拟机 Spark01、Spark02 和 Spark03 的/export/servers/kafka_2.12-3.2.1/config 目录中执行如下命令启动 Kafka 服务。

```
$kafka-server-start.sh server.properties &
```

(4) 在 Kafka 中创建主题 ad,指定其分区数为 3 且分区的副本数为 2。在虚拟机 Spark01 执行如下命令。

```
$kafka-topics.sh \
--create \
--topic ad \
--partitions 3 \
--replication-factor 2 \
--bootstrap-server spark01:9092,spark02:9092,spark03:9092
```

上述命令执行完成后,若输出的信息中出现 Created topic ad,则说明在 Kafka 中成功创建了主题 ad。

(5) 在 Spark01 上启动一个订阅主题 ad 的 Kafka 消费者,具体命令如下。

```
$kafka-console-consumer.sh \
--bootstrap-server spark01:9092,spark02:9092,spark03:9092 \
--topic ad
```

上述命令执行完成后,Kafka 消费者将等待 Kafka 生产者将消息推送至主题 ad,并将这些消息输出到控制台。

(6) 文件 6-1 运行完成后,在虚拟机 Spark01 上查看 Kafka 消费者输出的消息,如图 6-2 所示。

从图 6-2 中可以看出,Kafka 消费者输出的消息为模拟生成的用户行为数据,说明成功建立 Kafka 生产者来模拟生成用户行为数据。

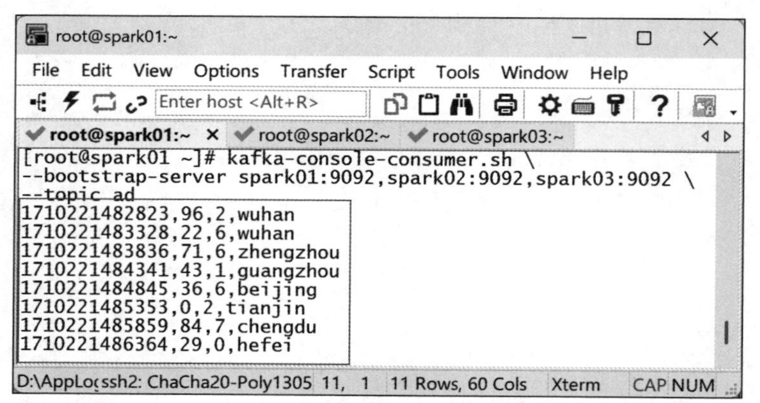

图 6-2　Kafka 消费者输出的消息

在图 6-2 中可以通过组合键 Ctrl+C 来关闭 Kafka 消费者。此外,若要停止用户行为数据的生成,则需要在 IntelliJ IDEA 中停止运行文件 6-1。

6.4.2　实现 Spark 程序

在项目 SparkProject 的包 cn.itcast.ad 中新建一个名为 AdClickStreamAnalyzer 的 Scala 单例对象,在该单例对象中实现广告点击流实时统计的 Spark 程序,具体实现过程如下。

(1) 在单例对象 AdClickStreamAnalyzer 中添加 main()方法,用于定义 Spark 程序的实现逻辑,具体代码如文件 6-2 所示。

文件 6-2　AdClickStreamAnalyzer.scala

```
1  package cn.itcast.ad
2  object AdClickStreamAnalyzer {
3    def main(args: Array[String]): Unit ={
4      //实现逻辑
5    }
6  }
```

(2) 在 Spark 程序中创建 SparkSession 对象 spark,用于配置并管理 Spark 程序的执行。在单例对象 AdClickStreamAnalyzer 的 main()方法中添加如下代码。

```
1  val spark =SparkSession.builder()
2    .appName("ad")
3    .getOrCreate()
```

上述代码指定 Spark 程序的名称为 ad。

(3) 在 Spark 程序中配置检查点(checkpoint)目录,该目录存储了 Spark 程序的中间状态和元数据,以确保在 Spark 程序故障或重新启动时能够从之前的状态中正确恢复。在单例对象 AdClickStreamAnalyzer 的 main()方法中添加如下代码。

```
1  spark.conf.set(
2    "spark.sql.streaming.checkpointLocation",
3    "hdfs://192.168.88.161:9000/checkpoint"
4  )
```

上述代码中指定检查点目录为 HDFS 的/checkpoint 目录。

(4)在 Spark 程序中,使用 DataFrame API 提供的 readStream 算子,从 Kafka 的主题 ad 中读取用户行为数据,并将其存储到 DataFrame 对象 kafkaDF 中。在单例对象 AdClickStreamAnalyzer 的 main()方法中添加如下代码。

```
1  val kafkaDF =spark
2    .readStream
3    .format("kafka")
4    .option("kafka.bootstrap.servers",
5      "spark01:9092,spark02:9092,spark03:9092")
6    .option("subscribe", "ad")
7    .load()
8    .selectExpr("CAST(value AS STRING)")
```

上述代码中,第 8 行代码用于将读取的用户行为数据转换为字符串类型。

(5) 在 Spark 程序中,使用 DataFrame API 提供的 select 算子,从用户行为数据中提取用户点击广告的时间、用户唯一标识、广告唯一标识以及用户点击广告时所在的城市名称,并将其存储到 DataFrame 对象 formatDF。在单例对象 AdClickStreamAnalyzer 的 main()方法中添加如下代码。

```
1  val formatDF =kafkaDF
2    .select(functions.split(col("value"), ",").as("data"))
3    .select(
4      from_unixtime(col("data").getItem(0) / 1000)
5        .cast(TimestampType).as("timestamp"),
6      col("data").getItem(1).as("user_id"),
7      col("data").getItem(2).as("ad_id"),
8      col("data").getItem(3).as("city")
9    )
```

上述代码中,第 4～5 行代码用于从用户行为数据中提取用户点击广告的时间,并将其转换为 Timestamp 类型后存放在字段 timestamp 中。第 6 行代码用于从用户行为数据中提取用户唯一标识,并将其存放在字段 user_id 中。第 7 行代码用于从用户行为数据中提取广告唯一标识,并将其存放在字段 ad_id 中。第 8 行代码用于从用户行为数据中提取用户点击广告时所在的城市名称,并将其存放在字段 city 中。

(6) 在 Spark 程序中,使用 DataFrame API 提供的 groupBy、window 和 count 算子进行窗口操作,统计用户在 20 秒内点击广告的次数,然后使用 filter 算子筛选出点击广告次数超过 10 次的用户,并将其存储到 DataFrame 对象 getBlackUserDF 中。在单例对象 AdClickStreamAnalyzer 的 main()方法中添加如下代码。

```
1   val getBlackUserDF = formatDF
2         .groupBy(window(col("timestamp"), "20 seconds"), col("user_id"))
3         .count()
4         .filter(col("count") >=10)
```

(7) 在项目 SparkProject 的 Scala 文件 HBaseUtils.scala 中定义 scanHBaseTable()方法用于查询 HBase 表中指定列的值,具体代码如下。

```
1   def scanHBaseTable(
2                     tableName: String,
3                     columnFamily: String,
4                     columnName: String
5                   ): ListBuffer[(String,String)] ={
6     //基于表名创建 Table 对象 table,用于管理表的数据
7     val table: Table =HBaseConnect.getConnection.getTable(
8       TableName.valueOf(tableName)
9     )
10    val scan =new Scan()
11    //查询表的数据
12    val scanner =table.getScanner(scan)
13    //创建 ListBuffer 对象 resultBuffer,用于存储查询结果
14    val resultBuffer =ListBuffer[(String,String)]()
15    try {
16      var result =scanner.next()
17      while (result !=null) {
18        val cellValue =Bytes.toString(
19          result.getValue(
20            Bytes.toBytes(columnFamily),
21            Bytes.toBytes(columnName)
22          )
23        )
24        resultBuffer +=((cellValue,"black"))
25        result =scanner.next()
26      }
27    } finally {
28      scanner.close()
29      table.close()
30    }
```

```
31   resultBuffer
32 }
```

上述代码中定义的 scanHBaseTable()方法接收 3 个参数 tableName、columnFamily 和 columnName,分别用于指定表名、列族和列标识。第 17~26 行代码遍历查询结果获取指定列的值,将该值与字符串 black 组合为元组后添加到 ListBuffer 对象 resultBuffer 中。

(8) 在 Spark 程序中,使用 scanHBaseTable()方法并将 blackList、black_user 和 user_id 作为参数传递,从 HBase 表 blackList 的列 black_user:user_id 中获取黑名单用户,并将其存储到 ListBuffer 对象 blackUserList 中。在单例对象 AdClickStreamAnalyzer 的 main()方法中添加如下代码。

```
1  val blackUserList =HBaseUtils.scanHBaseTable(
2    "blackList",
3    "black_user",
4    "user_id"
5  )
```

(9) 在 Spark 程序中,使用 DataFrame API 提供的 createDataFrame()方法将 ListBuffer 对象 blackUserList 创建为 DataFrame 对象 blackUserDF。在单例对象 AdClickStreamAnalyzer 的 main()方法中添加如下代码。

```
1  val blackUserDF =spark
2    .createDataFrame(blackUserList)
3    .toDF("user_id", "black_flag")
```

上述代码中第 3 行代码用于指定 DataFrame 对象的字段名称为 user_id 和 black_flag,前者存储了黑名单用户的唯一标识,后者存储了黑名单用户的标记 black。

(10) 在 Spark 程序中,首先,使用 join 算子对 DataFrame 对象 formatDF 和 blackUserDF 进行左外连接。然后,使用 filter 算子筛选出左外连接结果中字段 black_flag 值为 null 的数据。最后,使用 select 算子从筛选的结果中获取字段 ad_id 和 city 的值,并将其存储到 DataFrame 对象 filterBlackUserDF 中。在单例对象 AdClickStreamAnalyzer 的 main()方法中添加如下代码。

```
1  val filterBlackUserDF =formatDF
2      .join(blackUserDF,Seq("user_id"),"left_outer")
3      .filter(col("black_flag").isNull)
4      .select(col("ad_id"),col("city"))
```

上述代码用于过滤黑名单用户产生的用户行为数据。

(11) 在 Spark 程序中,使用 groupBy 和 count 算子对 DataFrame 对象 filterBlackUserDF 进行聚合操作,并将聚合操作的结果存储到 DataFrame 对象 resultDF 中。在单例对象

AdClickStreamAnalyzer 的 main()方法中添加如下代码。

```
val resultDF =filterBlackUserDF.groupBy(col("city"),col("ad_id")).count()
```

上述代码用于统计各区域中不同广告的点击次数。

(12) 在 Spark 程序中,创建数组 columnAdCount 和 columnBlackUser。在单例对象 AdClickStreamAnalyzer 的 main()方法中添加如下代码。

```
1  val columnAdCount =Array("ad_city", "ad_id","ad_count")
2  val columnBlackUser =Array("user_id")
```

上述代码中,数组 columnAdCount 用于存储向表 adClick 插入数据时指定的列标识。数组 columnBlackUser 用于存储向表 blackList 插入数据时指定的列标识。

6.4.3 数据持久化

通过上一节内容实现的 Spark 程序,成功获取了广告点击流实时统计的结果,以及黑名单用户。为了便于后续进行数据可视化,同时确保分析结果的长期存储,并获取黑名单用户的更新情况,需要进行数据持久化操作。本项目使用 HBase 作为数据持久化工具。接下来,分步骤讲解如何将广告点击流实时统计的结果和黑名单用户存储到 HBase 的表中,具体操作步骤如下。

(1) 在 Spark 程序中,使用 DataFrame API 提供的 writeStream 算子,将 DataFrame 对象 getBlackUserDF 中存储的黑名单用户插入 HBase 表 blackList 中。在单例对象 AdClickStreamAnalyzer 的 main()方法中添加如下代码。

```
1   getBlackUserDF
2     .writeStream
3     //指定 Spark 程序的输出模式为 update
4     .outputMode("update")
5     .foreachBatch {
6       (
7         batchDF: org.apache.spark.sql.Dataset
8           [org.apache.spark.sql.Row],
9         batchId: Long
10      ) =>
11      batchDF.foreach { row =>
12        //获取黑名单用户的用户唯一标识
13        val userId =row.getAs[String]("user_id")
14        //创建数组 value,用于指定插入的数据
15        val value =Array(userId)
16        HBaseUtils.putsToHBase(
17          "blackList",
18          "user_" +userId,
```

```
19          "black_user",
20          columnBlackUser,
21          value
22        )
23      }
24    }
25    .start()
```

上述代码中,第 16～22 行代码用于向 HBase 表 blackList 的列 black_user:user_id 插入数据,数据的内容为黑名单用户的用户唯一标识。

(2) 在 Spark 程序中,使用 DataFrame API 提供的 writeStream 算子,将 DataFrame 对象 resultDF 中存储的广告点击流实时统计的结果插入 HBase 表 adClick 中。在单例对象 AdClickStreamAnalyzer 的 main()方法中添加如下代码。

```
1   resultDF
2     .writeStream
3       //指定 Spark 程序的输出模式为 update
4     .outputMode("update")
5     .foreachBatch {
6       (
7         batchDF: org.apache.spark.sql.Dataset
8           [org.apache.spark.sql.Row],
9         batchId: Long
10      ) =>
11      batchDF.foreach { row =>
12        //获取广告的唯一标识
13        val adId = row.getAs[String]("ad_id")
14        //获取城市的名称
15        val city = row.getAs[String]("city")
16        //获取广告的点击次数
17        val count = row.getAs[Long]("count").toString
18        //创建数组 value,用于指定插入的数据
19        val value = Array(city, adId, count)
20        HBaseUtils.putsToHBase(
21          "adClick",
22          city + "_" + adId,
23          "ad_info",
24          columnAdCount,
25          value
26        )
27      }
28    }
29    .start()
```

上述代码中,第 20～26 行代码用于向 HBase 表 adClick 的列 ad_info:ad_city、ad_info:ad_id 和 ad_info:ad_count 插入数据,数据的内容依次为城市的名称、广告唯一标识和广告的点击次数。

(3) 在单例对象 AdClickStreamAnalyzer 的 main()方法中添加确保 Spark 程序能够正常中止,并关闭 HBase 连接的代码,具体代码如下。

```
1   spark.streams.awaitAnyTermination()
2   HBaseConnect.closeConnection()
```

6.5 运行 Spark 程序

在学习过程中,充分利用身边的资源可以帮助我们积累更多知识,提升个人能力,从而更好地为社会发展做出贡献。为了充分利用集群资源实时统计广告点击流,本项目使用 spark-submit 命令将 Spark 程序提交到 YARN 集群运行,具体操作步骤如下。

1. 封装 jar 文件

在 IntelliJ IDEA 主界面的右侧单击 Maven 选项卡标签展开 Maven 窗口。首先,在 Maven 窗口中双击 Lifecycle 折叠框中的 clean 选项清除上一章进行封装 jar 文件的操作时生成的类文件、jar 文件等内容。然后,双击 package 选项再次将项目 SparkProject 封装为 jar 文件。最后将 jar 文件 SparkProject-1.0-SNAPSHOT-jar-with-dependencies.jar 重命名为 SparkProject.jar。

2. 启动大数据集群环境

在虚拟机 Spark01、Spark02 和 Spark03 上依次启动 ZooKeeper 集群、Hadoop 集群、HBase 集群和 Kafka 集群。

3. 上传 jar 文件

首先,在虚拟机 Spark01 的/export/SparkJar 目录中删除 SparkProject.jar。然后,将新封装的 SparkProject.jar 上传到虚拟机 Spark01 的/export/SparkJar 目录中。

4. 添加依赖

将 commons-pool2-2.11.1.jar、kafka-clients-3.2.1.jar、spark-sql-kafka-0-10_2.12-3.3.0.jar 和 spark-token-provider-kafka-0-10_2.12-3.3.0.jar 上传到虚拟机 Spark01 的/export/servers/spark-3.3.0/jars 目录中。

5. 生成用户行为数据

启动 Kafka 生产者向主题 ad 推送用户行为数据。在虚拟机 Spark01 上执行如下命令。

```
$java -cp /export/SparkJar/SparkProject.jar \
cn.itcast.ad.RealTimeEventProducer
```

上述命令执行完成后,当前操作虚拟机 Spark01 的窗口将被占用,无法进行其他操作。若需关闭 Kafka 生产者,可使用组合键 Ctrl+C 完成。

6. 将 Spark 程序提交到 YARN 集群运行

在 SecureCRT 重新创建一个操作虚拟机 Spark01 的窗口，并在 Spark 安装目录中执行如下命令。

```
$bin/spark-submit \
--master yarn \
--deploy-mode cluster \
--num-executors 3 \
--executor-memory 2G \
--class cn.itcast.ad.AdClickStreamAnalyzer \
/export/SparkJar/SparkProject.jar
```

上述命令执行完成后，当前操作虚拟机 Spark01 的窗口将被占用，当输出信息中出现类似于 Application report for application_xxxxxx (state: ACCEPTED)的信息时，说明 Spark 程序已经提交到 YARN 集群运行，此时读者可以使用组合键 Ctrl+C 解除占用，从而进行其他操作。

本需求实现的 Spark 程序需要手动停止运行，否则将会持续运行。读者可以通过 yarn 命令来停止 Spark 程序的运行，其语法格式如下。

```
yarn application -kill application_id
```

上述语法格式中，application_id 用于指定 Spark 程序在 YARN 集群中运行时分配的应用程序 ID，读者可以通过 YARN Web UI 进行查看，相关内容可参考 3.4 节。

7. 查看广告点击流实时统计的结果

在虚拟机 Spark01 上运行 HBase Shell，并执行 scan 'adClick'命令查询表 adClick 的数据，如图 6-3 所示。

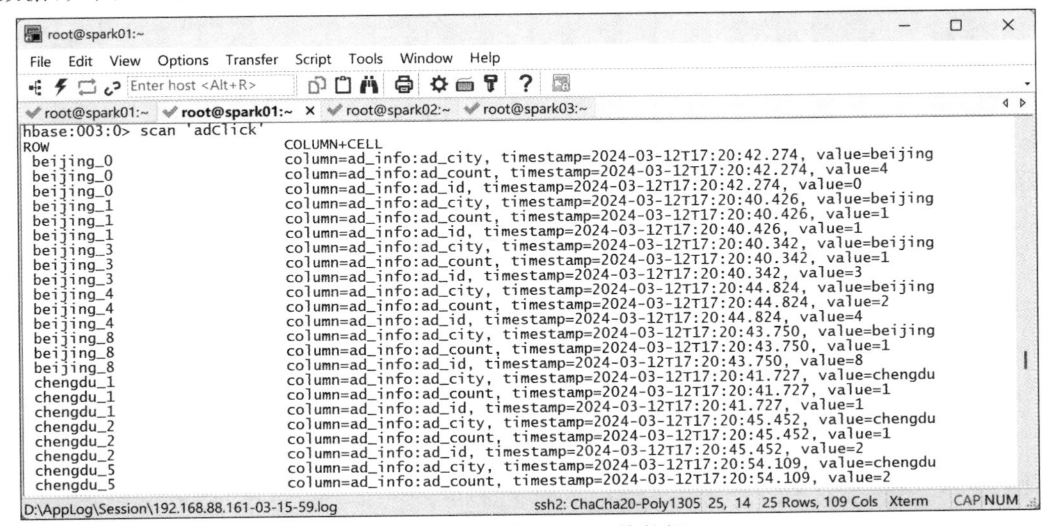

图 6-3 查询表 adClick 的数据

图 6-3 显示了表 adClick 的部分数据，读者可以通过滑动鼠标滚轮来查看表 adClick 的所有数据，说明成功将广告点击流实时统计的结果存储到 HBase 的表 adClick 中。从这些数据可以实时查看各个城市中不同广告的点击次数。例如，在名称为 beijing 的城市中，唯一标识为 0 的广告被点击了 4 次。

至此，便完成了广告点击流实时统计。

需要说明的是，Spark 程序需要在 YARN 集群中正常运行一段时间后，才可以从表 adClick 中查询到数据，这一过程可能受到个人计算机性能的影响。另外，本需求使用的数据集为模拟生成，所以统计结果会有所差异。

6.6 本章小结

本章主要讲解了广告点击流实时统计的实现。首先，讲解了数据集分析、实现思路分析和表设计。然后，讲解了实现广告点击流实时统计，包括生成用户行为数据、实现 Spark 程序和数据持久化。最后，讲解了运行 Spark 程序。通过本章的学习，读者能够了解广告点击流实时统计的实现思路，掌握运用 Spark 程序实现广告点击流实时统计的技巧。

第7章 数据可视化

学习目标

- 熟悉数据映射，能够使用 Phoenix 查询 HBase 中的数据；
- 熟悉 FineBI 的安装与配置，能够基于 Windows 操作系统安装 FineBI，并配置其管理员账号和数据连接；
- 掌握数据可视化的实现，能够利用 FineBI 提供的图表组件对数据进行可视化展示。

在我们的日常生活中，数据无处不在。从社交媒体的使用数据，到公司的销售报告，再到政府的人口普查，数据已经成为我们生活的一部分。然而，理解和解释这些数据并不总是那么容易。因此，数据可视化变得非常重要。本章将详细介绍如何利用数据可视化技术对用户行为数据的分析结果进行清晰而有效的展示。

7.1 数据映射

本项目采用 FineBI 作为数据可视化工具，FineBI 需要通过与 Phoenix 的连接来获取 HBase 中的数据。因此，在进行数据可视化之前，需要将存储在 HBase 中的用户行为数据分析结果映射到 Phoenix 的表中。本节将讲解如何将 HBase 中的数据映射到 Phoenix 的表中。

7.1.1 部署 Phoenix

Phoenix 是一个构建在 HBase 上的开源 SQL 查询引擎，它允许用户通过 SQL 来查询和操作 HBase 中的数据，从而简化了用户与 HBase 交互的过程。接下来，将使用虚拟机 Spark01 讲解 Phoenix 的部署，具体操作步骤如下。

1. 上传 Phoenix 安装包

将 Phoenix 安装包 phoenix-hbase-2.4.0-5.1.3-bin.tar.gz 上传至虚拟机的/export/software 目录中。

2. 安装 Phoenix

采用解压缩方式将 Phoenix 安装至/export/servers 目录。在虚拟机上执行如下命令。

```
$tar -zxvf /export/software/phoenix-hbase-2.4.0-5.1.3-bin.tar.gz \
-C /export/servers/
```

上述命令执行完成后，在虚拟机的/export/servers 目录中会看到一个名称为 phoenix-hbase-2.4.0-5.1.3-bin 的目录。为了便于后续使用 Phoenix，这里将 Phoenix 的安装目录重命名为 phoenix-5.1.3，在虚拟机的/export/servers 目录中执行如下命令。

```
$mv phoenix-hbase-2.4.0-5.1.3-bin phoenix-5.1.3
```

3. 复制 jar 文件

为了使 HBase 能够识别并加载 Phoenix 提供的相关组件，从而启用 Phoenix 与 HBase 的集成。需要将 Phoenix 安装目录中的 phoenix-server-hbase-2.4-5.1.3.jar 复制到 HBase 安装目录的 lib 目录中，在虚拟机上执行如下命令。

```
$cp /export/servers/phoenix-5.1.3/phoenix-server-hbase-2.4.0-5.1.3.jar \
/export/servers/hbase-2.4.9/lib/
```

4. 分发 jar 文件

将 phoenix-server-hbase-2.4-5.1.3.jar 分发到虚拟机 Spark02 和 Spark03 上 HBase 安装目录的 lib 目录中，在虚拟机执行下列命令。

```
#分发到虚拟机 Spark02 上
$scp /export/servers/phoenix-5.1.3/phoenix-server-hbase-2.4.0-5.1.3.jar \
spark02:/export/servers/hbase-2.4.9/lib/
#分发到虚拟机 Spark03 上
$scp /export/servers/phoenix-5.1.3/phoenix-server-hbase-2.4.0-5.1.3.jar \
spark03:/export/servers/hbase-2.4.9/lib/
```

5. 修改配置文件 hbase-site.xml

为了确保 Phoenix 与 HBase 有效集成，让 Phoenix 充分利用 HBase 的功能并与之协同工作，需要在 Phoenix 安装目录的 bin 目录中编辑配置文件 hbase-site.xml，在该文件的<configuration>标签中添加如下内容。

```
1   <property>
2       <name>hbase.rootdir</name>
3       <value>hdfs://spark01:9000/hbase</value>
4   </property>
5   <property>
6       <name>hbase.cluster.distributed</name>
7       <value>true</value>
8   </property>
9   <property>
10      <name>hbase.zookeeper.quorum</name>
```

```
11      <value>spark01:2181,spark02:2181,spark03:2181</value>
12  </property>
13  <property>
14      <name>phoenix.schema.isNamespaceMappingEnabled</name>
15      <value>true</value>
16  </property>
17  <property>
18      <name>phoenix.schema.mapSystemTablesToNamespace</name>
19      <value>true</value>
20  </property>
```

上述内容中，第 13～16 行代码用于启用 Phoenix 中的命名空间映射功能，让 Phoenix 能够使用 HBase 的命名空间来解析表的名称，以便更好地支持 HBase 中的命名空间功能。第 17～20 行代码添加的内容用于开启 Phoenix 对 HBase 系统表的命名空间映射。其他内容可参考 2.6 节修改 HBase 配置文件的相关内容。

在配置文件 hbase-site.xml 中添加上述内容后，保存并退出编辑。

6. 重启 HBase 集群

在虚拟机 Spark01 上执行 stop-hbase.sh 命令关闭 HBase 集群，确认 3 台虚拟机上都不存在 HBase 集群的相关进程后，在虚拟机 Spark01 上执行 start-hbase.sh 命令启动 HBase 集群。

至此，便完成了部署 Phoenix 的相关操作。

7.1.2　建立映射

完成 Phoenix 的部署后，用户需要在 Phoenix 中创建与 HBase 中具有相同名称的表，并在创建表时指定映射关系，从而将 HBase 中的数据映射到 Phoenix 的表中。Phoenix 提供了命令行工具 sqlline 用来操作 Phoenix。接下来，我们将讲解如何使用 sqlline 在 Phoenix 中创建表，以实现将存储在 HBase 中的用户行为数据分析结果映射到 Phoenix 的表中，具体操作步骤如下。

1. 启动 sqlline

在 Phoenix 安装目录的 bin 目录中，提供了一个名为 sqlline.py 的 Python 脚本文件，用于启动 sqlline。在虚拟机 Spark01 的安装目录中执行如下命令启动 sqlline。

```
$bin/sqlline.py
```

上述命令执行完成后，成功启动 sqlline 的效果如图 7-1 所示。

可以在图 7-1 的“0：jdbc：phoenix：spark01，spark02，spark03：2181>”位置输入 SQL 语句来操作 Phoenix 的表和数据。如果要关闭 sqlline，那么可以在 sqlline 中执行“!q”命令。

2. 创建表 top10

为了将存储在 HBase 中的热门品类 Top10 的分析结果映射到 Phoenix 的表中，需要

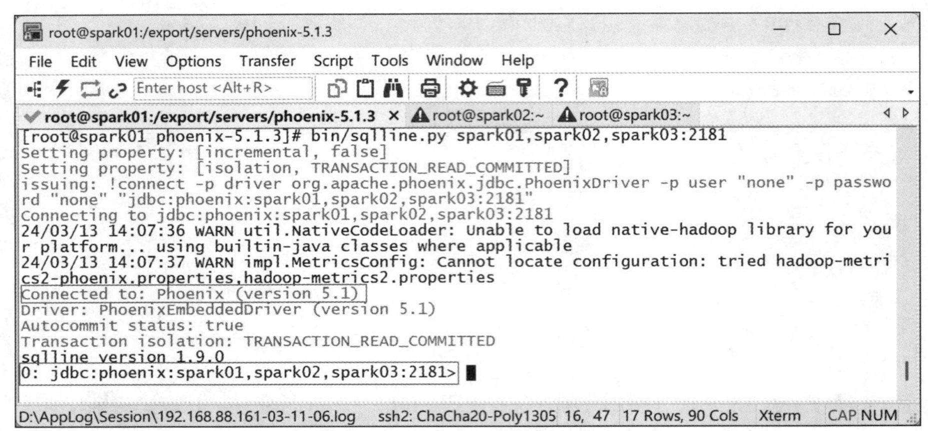

图 7-1 成功启动 sqlline 的效果

在 Phoenix 中创建名为 top10 的表,在 sqlline 执行如下命令。

```
>CREATE TABLE "top10"
(
"ROW" VARCHAR PRIMARY KEY,
"top10_category"."cartcount" VARCHAR,
"top10_category"."category_id" VARCHAR ,
"top10_category"."purchasecount" VARCHAR,
"top10_category"."viewcount" VARCHAR
) COLUMN_ENCODED_BYTES=0;
```

上述命令中的映射关系介绍如下。

- 将 HBase 中表 top10 的行键映射为 Phoenix 中表 top10 的主键,并指定其数据类型为 VARCHAR。在 Phoenix 的表 top10 中主键的名称为 ROW。
- 将 HBase 中表 top10 的列 top10_category:cartcount 映射为 Phoenix 中表 top10 的字段,并指定其数据类型为 VARCHAR,该字段的名称与列标识一致,即 cartcount。
- 将 HBase 中表 top10 的列 top10_category:category_id 映射为 Phoenix 中表 top10 的字段,并指定其数据类型为 VARCHAR,该字段的名称与列标识一致,即 category_id。
- 将 HBase 中表 top10 的列 top10_category:purchasecount 映射为 Phoenix 中表 top10 的字段,并指定其数据类型为 VARCHAR,该字段的名称与列标识一致,即 purchasecount。
- 将 HBase 中表 top10 的列 top10_category:viewcount 映射为 Phoenix 中表 top10 的字段,并指定其数据类型为 VARCHAR,该字段的名称与列标识一致,即 viewcount。

上述命令执行完成后,在 Phoenix 中查询表 top10 的数据,在 sqlline 执行如下命令。

```
>SELECT * FROM "top10";
```

上述命令执行完成的效果如图 7-2 所示。

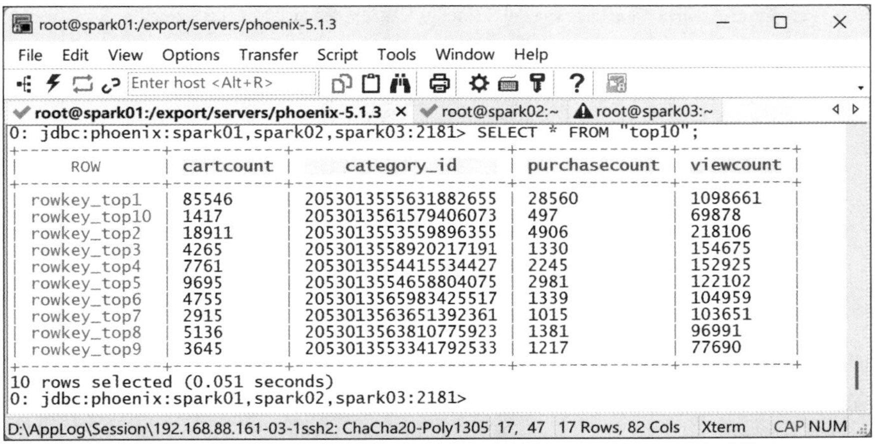

```
root@spark01:/export/servers/phoenix-5.1.3
File  Edit  View  Options  Transfer  Script  Tools  Window  Help
Enter host <Alt+R>
root@spark01:/export/servers/phoenix-5.1.3  ×  root@spark02:~  root@spark03:~
0: jdbc:phoenix:spark01,spark02,spark03:2181> SELECT * FROM "top10";
+----------------+-----------+---------------------+-----------------+-----------+
|      ROW       | cartcount |     category_id     | purchasecount   | viewcount |
+----------------+-----------+---------------------+-----------------+-----------+
| rowkey_top1    | 85546     | 2053013555631882655 | 28560           | 1098661   |
| rowkey_top10   | 1417      | 2053013561579406073 | 497             | 69878     |
| rowkey_top2    | 18911     | 2053013553559896355 | 4906            | 218106    |
| rowkey_top3    | 4265      | 2053013558920217191 | 1330            | 154675    |
| rowkey_top4    | 7761      | 2053013554415534427 | 2245            | 152925    |
| rowkey_top5    | 9695      | 2053013554658804075 | 2981            | 122102    |
| rowkey_top6    | 4755      | 2053013565983425517 | 1339            | 104959    |
| rowkey_top7    | 2915      | 2053013563651392361 | 1015            | 103651    |
| rowkey_top8    | 5136      | 2053013563810775923 | 1381            | 96991     |
| rowkey_top9    | 3645      | 2053013553341792533 | 1217            | 77690     |
+----------------+-----------+---------------------+-----------------+-----------+
10 rows selected (0.051 seconds)
0: jdbc:phoenix:spark01,spark02,spark03:2181>
D:\AppLog\Session\192.168.88.161-03-1ssh2: ChaCha20-Poly1305  17, 47  17 Rows, 82 Cols  Xterm  CAP NUM
```

图 7-2　在 Phoenix 中查询表 top10 的数据

从图 7-2 中可以看出，通过在 Phoenix 中查询表 top10 的数据，可以获取热门品类 Top10 的分析结果，说明成功将 HBase 中表 top10 的数据映射到 Phoenix 的表 top10 中。

需要注意的是，在 Phoenix 中执行命令时，除关键字和数值之外，均需要通过双引号进行标记。例如，在创建表时，需要为表名、行键、列族和列标识添加双引号。此外，在 Phoenix 中创建表时，HBase 中与之映射的表必须处于启用状态。

3. 创建表 top3

为了将存储在 HBase 中的各区域热门商品 top3 的分析结果映射到 Phoenix 的表中，需要在 Phoenix 中创建名为 top3 的表，在 sqlline 中执行如下命令。

```
>CREATE TABLE "top3"
(
"ROW" VARCHAR PRIMARY KEY,
"top3_area_product"."area" VARCHAR,
"top3_area_product"."product_id" VARCHAR ,
"top3_area_product"."viewcount" VARCHAR
) COLUMN_ENCODED_BYTES=0;
```

上述命令中映射关系的介绍可参考创建表 top10 的内容。

上述命令执行完成后，在 Phoenix 中查询表 top3 的数据，在 sqlline 中执行如下命令。

```
>SELECT * FROM "top3";
```

上述命令执行完成的效果如图 7-3 所示。

图 7-3 展示了表 top3 的部分数据，这些数据是通过在 Phoenix 中查询表 top3，获取的各区域热门商品 top3 的分析结果，说明成功将 HBase 中表 top3 的数据映射到了

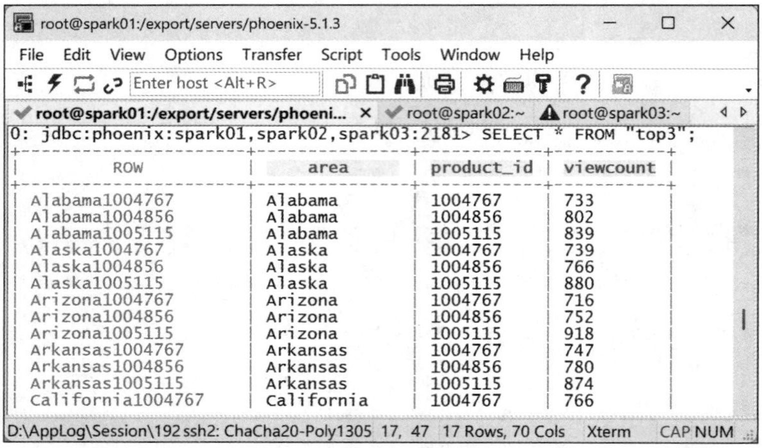

```
0: jdbc:phoenix:spark01,spark02,spark03:2181> SELECT * FROM "top3";
+-----------------------+-------------+-------------+------------+
|          ROW          |    area     | product_id  | viewcount  |
+-----------------------+-------------+-------------+------------+
| Alabama1004767        | Alabama     | 1004767     | 733        |
| Alabama1004856        | Alabama     | 1004856     | 802        |
| Alabama1005115        | Alabama     | 1005115     | 839        |
| Alaska1004767         | Alaska      | 1004767     | 739        |
| Alaska1004856         | Alaska      | 1004856     | 766        |
| Alaska1005115         | Alaska      | 1005115     | 880        |
| Arizona1004767        | Arizona     | 1004767     | 716        |
| Arizona1004856        | Arizona     | 1004856     | 752        |
| Arizona1005115        | Arizona     | 1005115     | 918        |
| Arkansas1004767       | Arkansas    | 1004767     | 747        |
| Arkansas1004856       | Arkansas    | 1004856     | 780        |
| Arkansas1005115       | Arkansas    | 1005115     | 874        |
| California1004767     | California  | 1004767     | 766        |
```

图 7-3　在 Phoenix 中查询表 top3 的数据

Phoenix 的表 top3 中。

4. 创建表 conversion

为了将存储在 HBase 中的网站转化率的统计结果映射到 Phoenix 的表中，需要在 Phoenix 中创建名为 conversion 的表，在 sqlline 执行如下命令。

```
>CREATE TABLE "conversion"
(
"ROW" VARCHAR PRIMARY KEY,
"page_conversion"."convert_page" VARCHAR,
"page_conversion"."convert_rage" VARCHAR
) COLUMN_ENCODED_BYTES=0;
```

上述命令中映射关系的介绍可参考创建表 top10 的内容。

上述命令执行完成后，在 Phoenix 中查询表 conversion 的数据，在 sqlline 执行如下命令。

```
>SELECT * FROM "conversion";
```

上述命令执行完成的效果如图 7-4 所示。

图 7-4 展示了表 conversion 的部分数据，这些数据是通过在 Phoenix 中查询表 conversion，获取的网站转化率统计结果，说明成功将 HBase 中表 conversion 的数据映射到了 Phoenix 的表 conversion 中。

5. 创建表 adClick

为了将存储在 HBase 中的广告点击流的实时统计结果映射到 Phoenix 的表中，需要在 Phoenix 中创建名为 adClick 的表，在 sqlline 执行如下命令。

```
>CREATE TABLE "adClick"
(
```

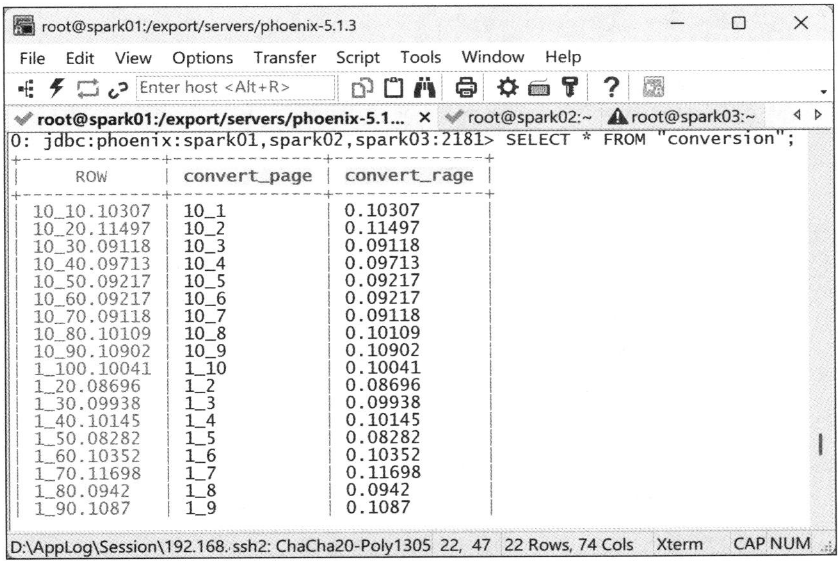

```
0: jdbc:phoenix:spark01,spark02,spark03:2181> SELECT * FROM "conversion";
+----------------+-----------------+----------------+
|      ROW       | convert_page    | convert_rage   |
+----------------+-----------------+----------------+
| 10_10.10307    | 10_1            | 0.10307        |
| 10_20.11497    | 10_2            | 0.11497        |
| 10_30.09118    | 10_3            | 0.09118        |
| 10_40.09713    | 10_4            | 0.09713        |
| 10_50.09217    | 10_5            | 0.09217        |
| 10_60.09217    | 10_6            | 0.09217        |
| 10_70.09118    | 10_7            | 0.09118        |
| 10_80.10109    | 10_8            | 0.10109        |
| 10_90.10902    | 10_9            | 0.10902        |
| 1_100.10041    | 1_10            | 0.10041        |
| 1_20.08696     | 1_2             | 0.08696        |
| 1_30.09938     | 1_3             | 0.09938        |
| 1_40.10145     | 1_4             | 0.10145        |
| 1_50.08282     | 1_5             | 0.08282        |
| 1_60.10352     | 1_6             | 0.10352        |
| 1_70.11698     | 1_7             | 0.11698        |
| 1_80.0942      | 1_8             | 0.0942         |
| 1_90.1087      | 1_9             | 0.1087         |
```

图 7-4 在 Phoenix 中查询表 conversion 的数据

```
"ROW" VARCHAR PRIMARY KEY,
"ad_info"."ad_city" VARCHAR,
"ad_info"."ad_count" VARCHAR,
"ad_info"."ad_id" VARCHAR
) COLUMN_ENCODED_BYTES=0;
```

上述命令中映射关系的介绍可参考创建表 top10 的内容。

上述命令执行完成后，在 Phoenix 中查询表 adClick 的数据，在 sqlline 执行如下命令。

```
>SELECT * FROM "adClick";
```

上述命令执行完成的效果如图 7-5 所示。

图 7-5 展示了表 adClick 的部分数据，这些数据是通过在 Phoenix 中查询表 adClick，获取的广告点击流实时统计结果，说明成功将 HBase 中表 adClick 的数据映射到了 Phoenix 的表 adClick 中。

需要说明的是，将 HBase 中指定表的数据映射到 Phoenix 的表中时，会在 HBase 表中的每一行添加一个标识符为_0 的列，用于标记编码方式。

脚下留心：删除表

在 Phoenix 中可以通过执行删除表的 SQL 语句来删除已创建的表。在 Phoenix 中删除表时，会将 HBase 中与之建立映射的表一并删除，这将会导致 HBase 中存储的原始数据丢失。因此，对于在 Phoenix 中临时使用的表来说，创建视图的方式更加合适。例如，在 Phoenix 中创建名为 testView 的视图，具体命令如下。

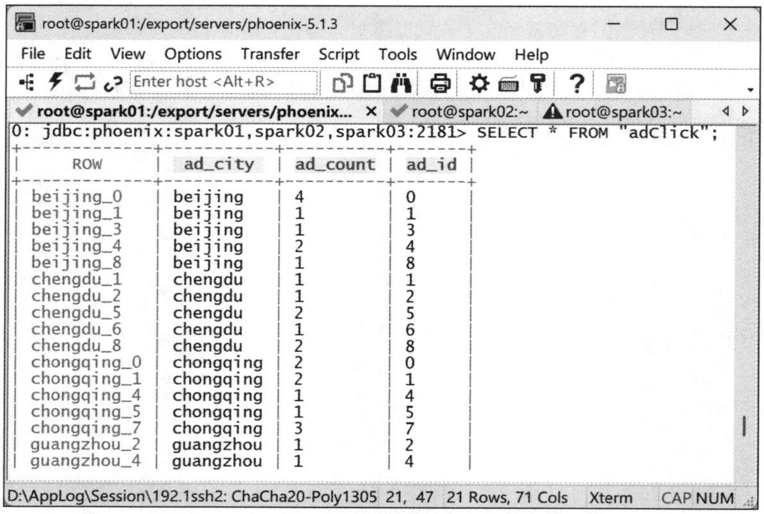

```
0: jdbc:phoenix:spark01,spark02,spark03:2181> SELECT * FROM "adClick";
+--------------+------------+----------+-------+
|     ROW      |  ad_city   | ad_count | ad_id |
+--------------+------------+----------+-------+
| beijing_0    | beijing    | 4        | 0     |
| beijing_1    | beijing    | 1        | 1     |
| beijing_3    | beijing    | 1        | 3     |
| beijing_4    | beijing    | 2        | 4     |
| beijing_8    | beijing    | 1        | 8     |
| chengdu_1    | chengdu    | 1        | 1     |
| chengdu_2    | chengdu    | 1        | 2     |
| chengdu_5    | chengdu    | 2        | 5     |
| chengdu_6    | chengdu    | 1        | 6     |
| chengdu_8    | chengdu    | 2        | 8     |
| chongqing_0  | chongqing  | 2        | 0     |
| chongqing_1  | chongqing  | 2        | 1     |
| chongqing_4  | chongqing  | 1        | 4     |
| chongqing_5  | chongqing  | 1        | 5     |
| chongqing_7  | chongqing  | 3        | 7     |
| guangzhou_2  | guangzhou  | 1        | 2     |
| guangzhou_4  | guangzhou  | 1        | 4     |
```

图 7-5　在 Phoenix 中查询表 adClick 的数据

```
>CREATE VIEW "testView"
(
"ROW" VARCHAR PRIMARY KEY,
"user_info"."user_name" VARCHAR
) COLUMN_ENCODED_BYTES=0;
```

上述命令创建的视图 testView 会映射 HBase 中表 testView 的数据。当删除 Phoenix 中的视图 testView 时,HBase 中与之建立映射的表并不会一并删除。需要注意的是,在 Phoenix 中创建的视图和表不能与 HBase 中的同一张表建立映射。

除此之外,我们也可以在 Phoenix 中删除表之前,在 HBase 中为建立映射的表创建快照,然后在 Phoenix 中删除表之后,在 HBase 中通过快照恢复表。例如,在 HBase Shell 中为表 test 创建快照,然后通过快照恢复表 test 的命令如下。

```
#为表 test 创建快照 test_snap
>snapshot 'test','test_snap'
#通过快照 test_snap 恢复表 test
>clone_snapshot 'test_snap','test'
```

需要注意的是,为表 test 创建快照之前,需要在 HBase Shell 中执行 disable 'test'命令禁用表 test。

7.2　FineBI 的安装与配置

本项目基于 Windows 操作系统使用 FineBI 6.0 的个人试用版。用户可以访问 FineBI 官网通过注册来获取 FineBI 的安装包。接下来,将对 FineBI 的安装与配置进行详细介绍。

1. 安装 FineBI

双击 FineBI 的安装包 windows-x64_FineBI6_0-CN.exe，进入“欢迎使用 FineBI 安装程序向导”界面，如图 7-6 所示。

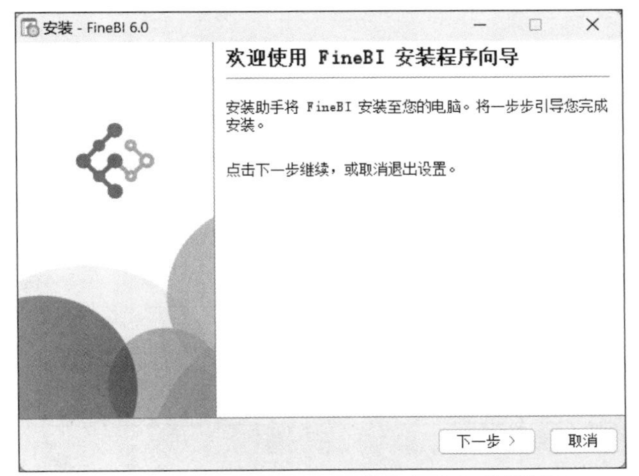

图 7-6　“欢迎使用 FineBI 安装程序向导”界面

在图 7-6 所示界面中，单击“下一步”按钮进入“许可协议”界面，在该界面中勾选“我接受协议”单选按钮，如图 7-7 所示。

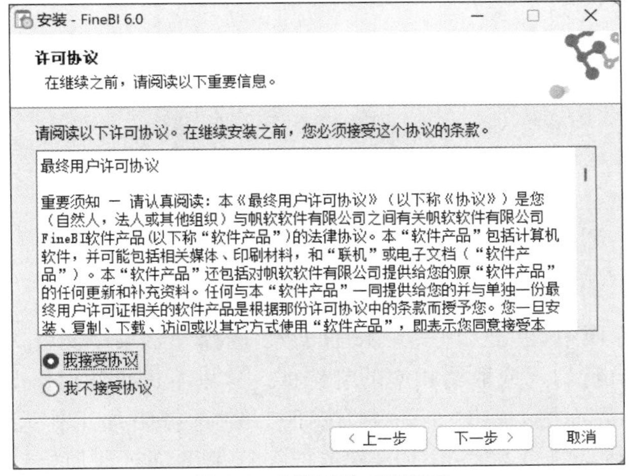

图 7-7　“许可协议”界面

在图 7-7 所示界面中，单击“下一步”按钮进入“选择安装目录”界面，在该界面的输入框内指定 FineBI 的安装目录。这里指定 FineBI 的安装目录为 D:\FineBI6.0，如图 7-8 所示。

在图 7-8 所示界面中，单击“下一步”按钮进入“设置最大内存”界面，在该界面的输入框内指定 FineBI 可以使用的最大内存。用户可以根据实际情况进行设置，但建议 FineBI 可以使用的最大内存不得低于 2048，即 2GB。这里指定 FineBI 可以使用的最大内存为

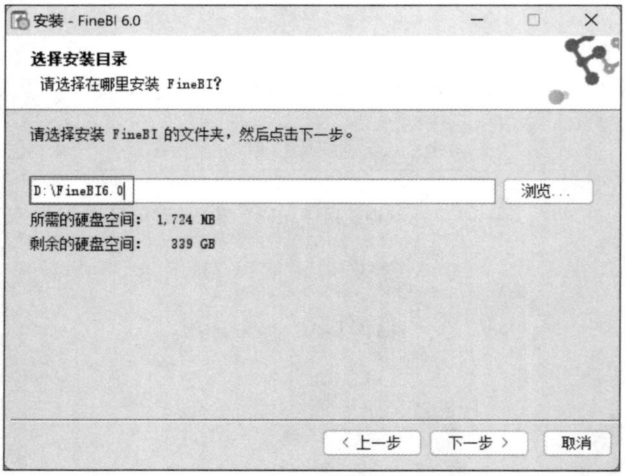

图 7-8　“选择安装目录”界面

4096,即 4GB,如图 7-9 所示。

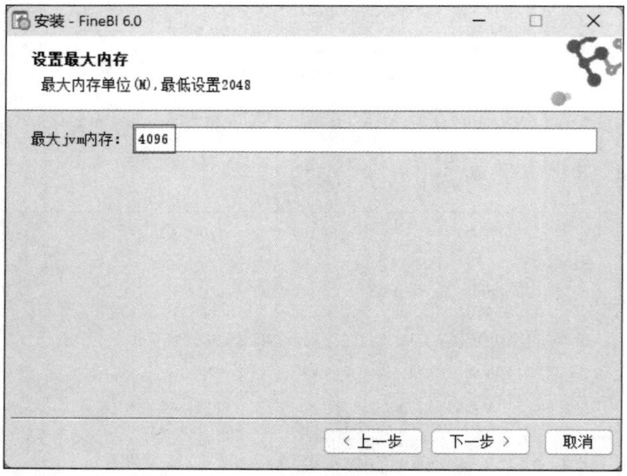

图 7-9　“设置最大内存”界面

在图 7-9 所示界面中,单击“下一步”按钮进入“选择开始菜单文件夹”界面,在该界面中用户可以根据需求自行勾选或取消相应的复选框。这里不进行任何修改,如图 7-10 所示。

在图 7-10 所示界面中,单击“下一步”按钮进入“选择附加工作”界面,在该界面中用户可以根据需求自行勾选或取消相应的复选框。这里不进行任何修改,如图 7-11 所示。

在图 7-11 所示界面中,单击“下一步”按钮进入“安装中”界面开始安装 FineBI,在该界面中会显示 FineBI 的安装进度,如图 7-12 所示。

待 FineBI 安装完成后,会进入“完成 FineBI 安装程序”界面,如图 7-13 所示。

在图 7-13 所示界面中,默认勾选了“运行 FineBI”复选框,这意味着当用户单击“完成”按钮时, FineBI 将自动运行。如果用户不希望在图 7-13 中单击“完成”按钮后自动运行 FineBI,可以取消勾选“运行 FineBI”复选框,后续通过 FineBI 生成的快捷方式运行。这里直接在图 7-13 中单击“完成”按钮,此时 FineBI 将自动运行,并打开“请输入您的激

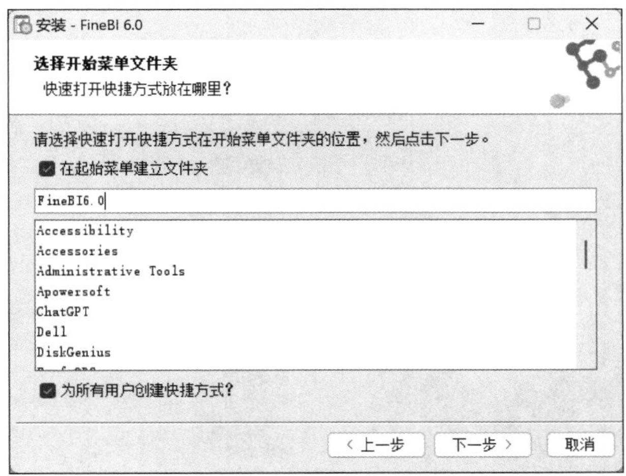

图 7-10　“选择开始菜单文件夹”界面

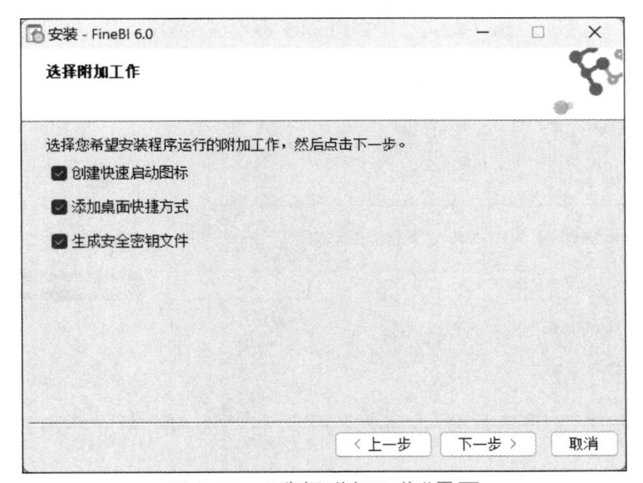

安装 - FineBI 6.0
安装中
正在安装 FineBI，请耐心等候。
文件解压中...
webapps\webroot\WEB-INF\assets\temp_attach\MapCache1568626062517_697
取消

图 7-12　“安装中”界面

活码”对话框,如图 7-14 所示。

图 7-13 “完成 FineBI 安装程序”界面

在图 7-14 的“免费激活码”输入框内填写激活码,该激活码需要用户访问 FineBI 官网通过注册获取。激活码填写完成后,在图 7-14 所示界面中单击“使用 BI”按钮进入 FineBI 的加载界面,如图 7-15 所示。

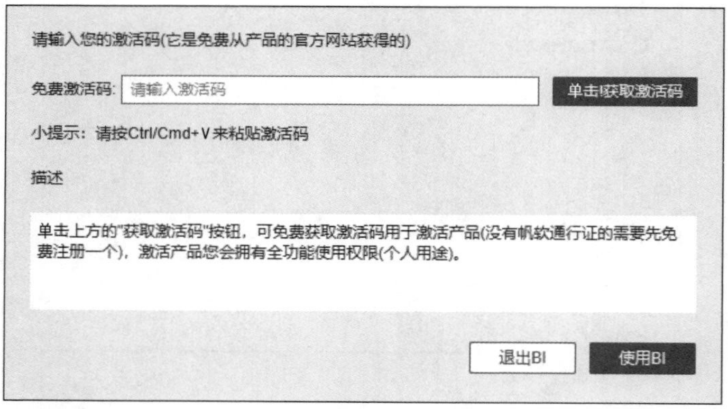

请输入您的激活码(它是免费从产品的官方网站获得的)

免费激活码: 请输入激活码 单击获取激活码

小提示: 请按Ctrl/Cmd+V来粘贴激活码

描述

单击上方的"获取激活码"按钮,可免费获取激活码用于激活产品(没有帆软通行证的需要先免费注册一个),激活产品您会拥有全功能使用权限(个人用途)。

退出BI 使用BI

图 7-14 “请输入您的激活码”对话框

图 7-15 FineBI 的加载界面

FineBI加载完成后，会在本地启动FineBI服务，如图7-16所示。

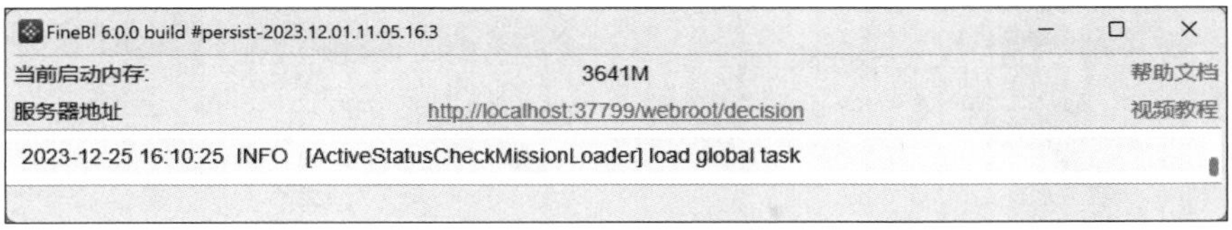

图 7-16 FineBI服务

在图7-16所示界面中，可以通过单击服务器地址的URL，在浏览器中访问FineBI平台来使用FineBI。除此之外，还可以查看FineBI的日志信息。需要说明的是，若关闭FineBI服务，则FineBI将无法使用。

2. 配置FineBI

在使用FineBI之前，用户需要进行初始化设置。此外，根据本项目需求，还需要配置数据连接，以通过Phoenix获取存储在HBase中的分析结果。以下是对这两部分配置的详细介绍。

（1）初始化设置。

FineBI的初始化设置主要包括设置管理员账号和存储元数据的数据库，其中管理员账号用于管理和使用FineBI；存储元数据的数据库用于保存FineBI的用户、配置等信息。关于FineBI初始化设置相关内容的介绍如下。

① 设置管理员账号。在FineBI服务中，单击服务器地址的URL，通过浏览器访问FineBI平台。在初次访问FineBI平台时，默认会打开“请设置管理员账号”界面，在该界面中设置管理员账号。这里设置管理员账号的用户名和密码分别为itcast和123456，如图7-17所示。

图 7-17 “请设置管理员账号”界面

在图7-17所示界面中单击“下一步”按钮完成管理员账号的设置，并进入“管理员账号设置成功”界面,在该界面中会显示管理员账号的用户名和密码,如图 7-18 所示。

图 7-18 “管理员账号设置成功”界面

从图 7-18 所示界面中可以看出,管理员账号的用户名和密码分别为 itcast 和 123456。

② 设置存储元数据的数据库。在图 7-18 中,单击“下一步”按钮进入“请根据使用场景选择数据库”界面,如图 7-19 所示。

图 7-19 “请根据使用场景选择数据库”界面

在图 7-19 所示界面中,单击“直接登录”选项,选择使用 FineBI 内置数据库来存储元数据。此时会进入 FineBI 平台的登录界面,在该界面的输入框中分别输入管理员账号的用户名和密码,如图 7-20 所示。

在图 7-20 所示界面中单击“登录”按钮登录 FineBI 平台进入 FineBI 平台的主界面，如图 7-21 所示。

图 7-20 FineBI 平台的登录界面

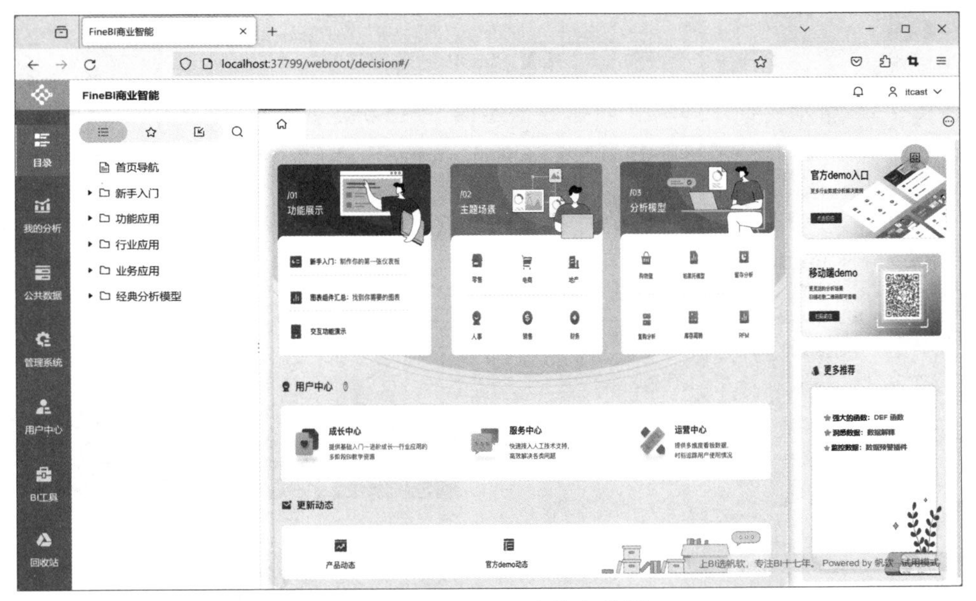

图 7-21 FineBI 平台的主界面

至此，便完成了 FineBI 初始化设置的相关操作。

(2) 配置数据连接。

将 FineBI 连接 Phoenix 所需的驱动包 phoenix-client-hbase-2.4.0-5.1.3.jar 复制到 FineBI 安装目录下的\webapps\webroot\WEB-INF\lib\目录中，然后重新启动 FineBI 服

务。待 FineBI 服务启动完成后,在 FineBI 平台的主界面中,依次单击“管理系统”“数据连接”“数据连接管理”选项配置 FineBI 的数据连接,如图 7-22 所示。

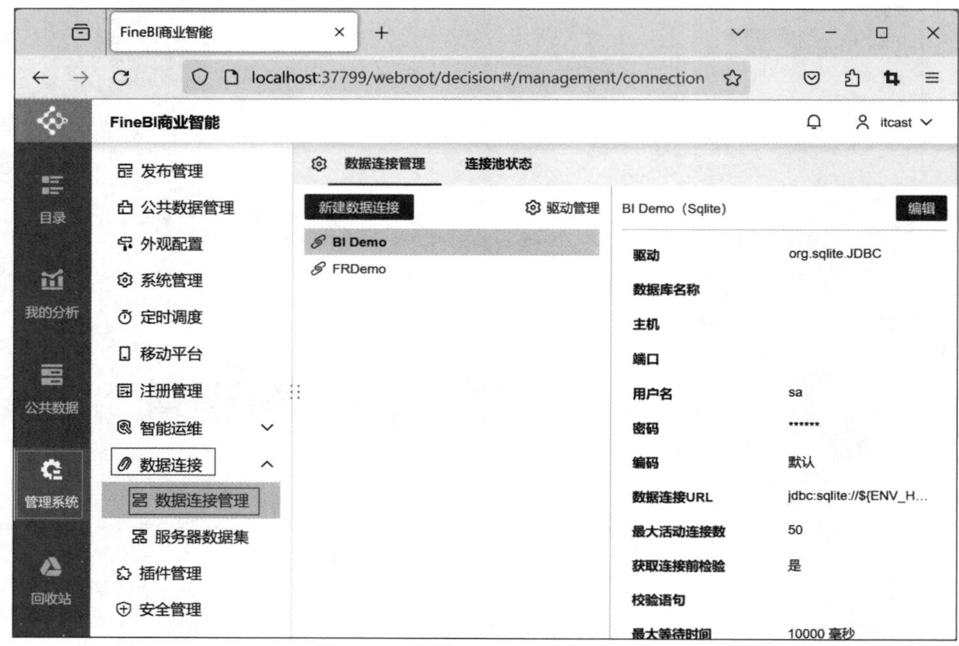

图 7-22　配置 FineBI 的数据连接

在图 7-22 所示界面中,单击“新建数据连接”按钮新建数据连接,如图 7-23 所示。

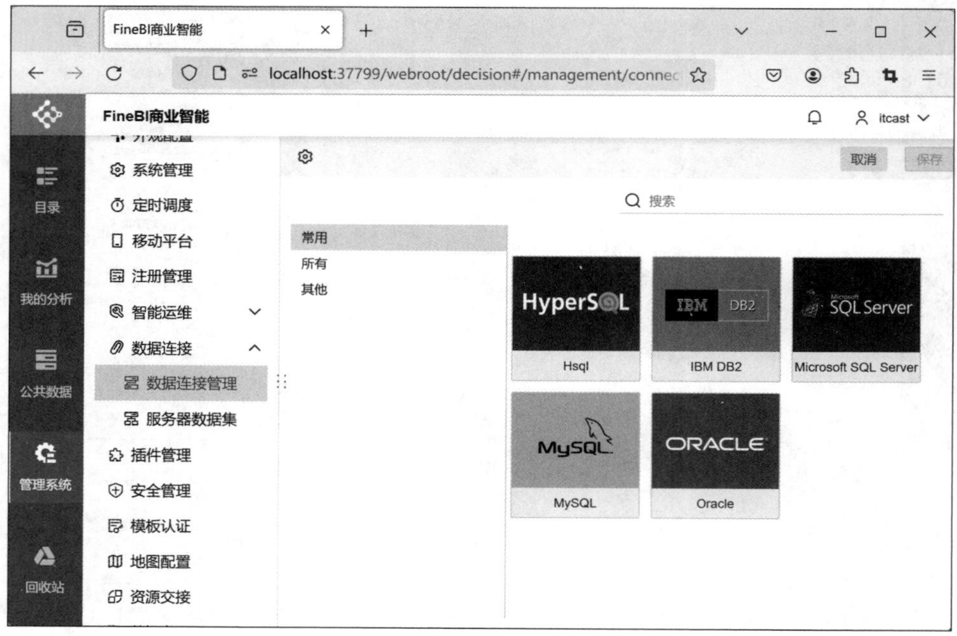

图 7-23　新建数据连接

在图 7-23 所示界面中,单击“所有”选项显示 FineBI 支持的所有数据连接的类型,如图 7-24 所示。

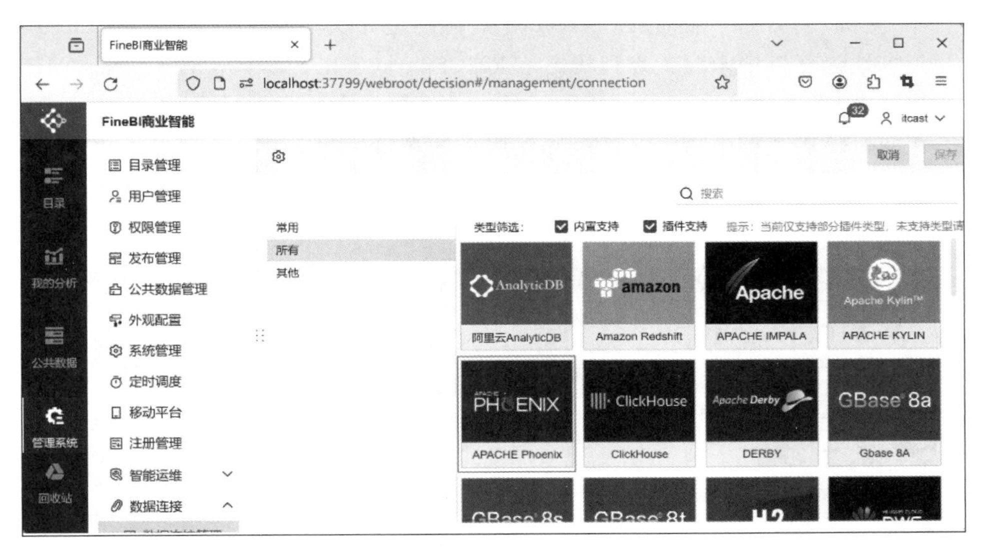

图 7-24 FineBI 支持的所有数据连接的类型

在图 7-24 所示界面中,单击 APACHE Phoenix 选项使用 Phoenix 作为数据源,并且设置数据连接的相关信息,如图 7-25 所示。

图 7-25 设置数据连接的相关信息

在图 7-25 所示界面中设置数据连接相关信息的说明如下。

- 在“数据连接名称”输入框中定义数据连接的名称为“用户行为数据分析”。
- 在“数据库名称”输入框中删除默认内容。
- 在“主机”输入框中指定 ZooKeeper 集群的地址为“spark01,spark02,spark03”。若本地计算机中未配置虚拟机 Spark01、Spark02 和 Spark03 的主机名和 IP 地址映射,则需要将 ZooKeeper 集群地址中的主机名更换为 IP 地址。
- 在“端口”输入框中指定 ZooKeeper 服务的端口号为 2181。

在图 7-25 所示界面中,单击“测试连接”按钮检查名称为“用户行为数据分析”的数据连接是否可以连接 Phoenix,如图 7-26 所示。

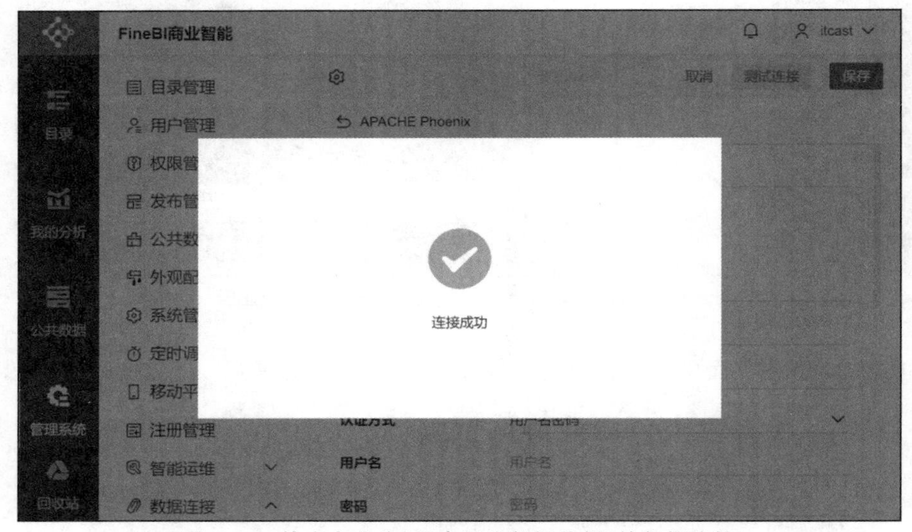

图 7-26　检查名称为“用户行为数据分析”的数据连接

从图 7-26 中可以看出,名称为“用户行为数据分析”的数据连接成功连接 Phoenix。在图 7-26 中,单击任意位置返回图 7-25 所示界面,在该界面中单击“保存”按钮保存名称为“用户行为数据分析”的数据连接。

至此,便完成了配置数据连接的相关操作。

7.3　实现数据可视化

本节将讲解如何使用 FineBI 从 HBase 中读取数据,将本项目中关于用户行为数据的分析结果进行可视化展示。

7.3.1　新建数据集

新建数据集的目的是在 FineBI 中获取要进行可视化展示的数据。在本项目中,需要从 HBase 的表 top10、top3、conversion 和 adClick 中读取数据,以获取有关热门品类 Top10 分析、各区域热门商品 Top3 分析、网站转化率统计和广告点击流实时统计的结果,具体操作步骤如下。

(1) 在FineBI平台的主界面中单击“公共数据”选项进入“公共数据”界面,如图7-27所示。

图7-27 “公共数据”界面(1)

(2) 在图7-27所示界面中,单击“新建文件夹”按钮创建用于存放本项目相关数据的文件夹,并将该文件夹重命名为“用户行为数据分析”,如图7-28所示。

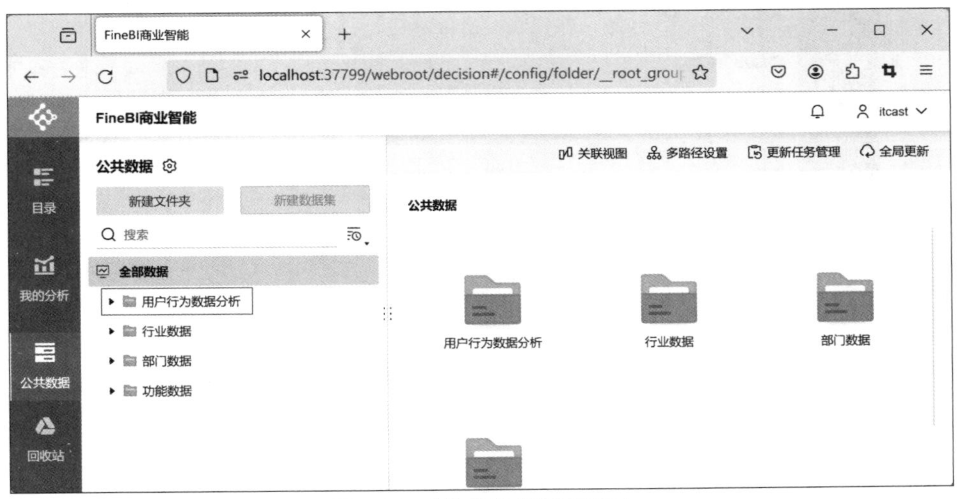

图7-28 “公共数据”界面(2)

(3) 在图7-28所示界面中,将鼠标指针移动至名为“用户行为数据分析”的文件夹,单击该文件夹右方显示的**+**按钮,在弹出的菜单选择“数据库表”选项,表示通过数据库中的表获取数据,如图7-29所示。

(4) 完成图7-29所示的操作后,进入“数据库选表”界面,在该界面中选择名为“用户行为数据分析”的数据连接,并选中该数据连接包含的表adClick、conversion、top10和top3,如图7-30所示。

(5) 在图7-30中,单击“确定”按钮返回“公共数据”界面,如图7-31所示。

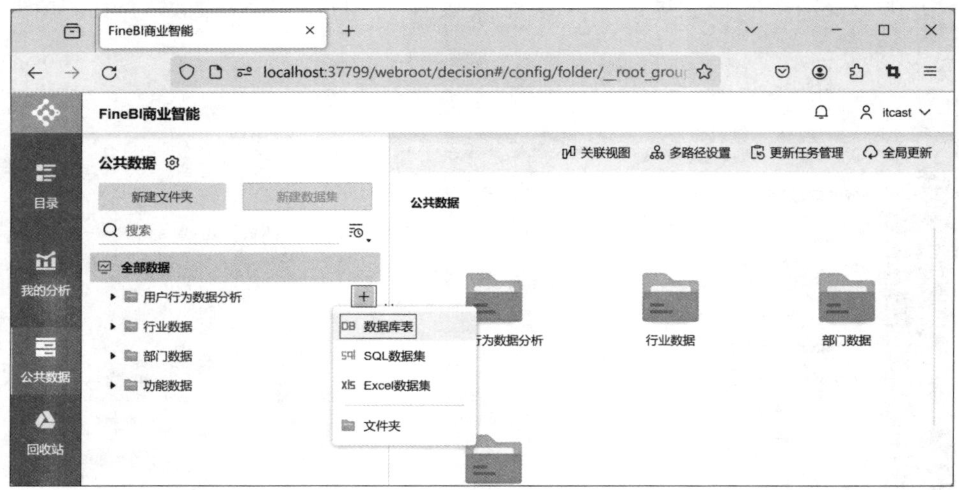

图 7-29 “公共数据”界面(3)

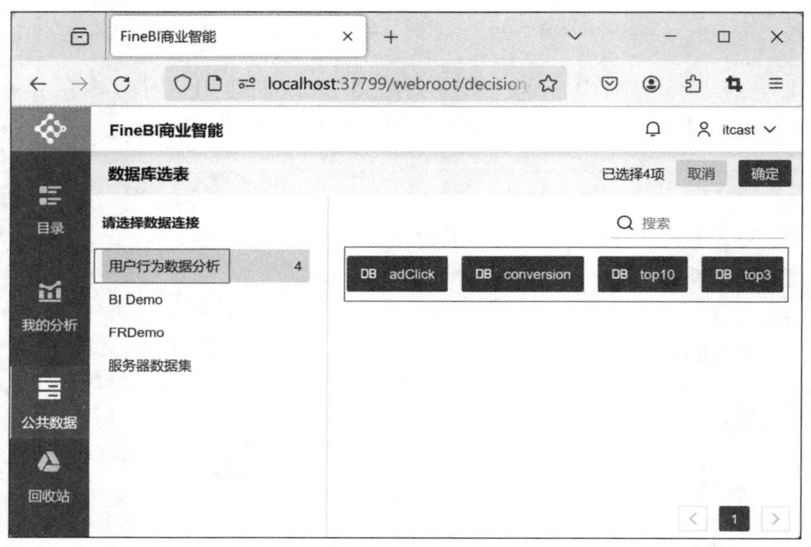

图 7-30 “数据库选表”界面

从图 7-31 中可以看出,名为“用户行为数据分析”的文件夹中有 4 张前缀为“用户行为数据分析_”的表,这些表其实对应的就是表 adClick、conversion、top10 和 top3。

(6) 名为“用户行为数据分析”的文件夹中添加的表并不会立即通过 Phoenix 从 HBase 中相应的表获取数据,用户需要进行手动的数据更新操作。在图 7-31 中,将鼠标指针移动至名为“用户行为数据分析”的文件夹,单击该文件夹右方显示的 ⋮ 按钮,在弹出的菜单中选择“文件夹更新”选项,打开“用户行为数据分析更新设置”对话框,如图 7-32 所示。

(7) 在图 7-32 中,单击“立即更新该文件夹”按钮,出现“当前表信息已刷新”的提示信息,则说明成功通过 Phoenix 从 HBase 中相应的表获取数据。此时,在图 7-32 中单击

图 7-31 “公共数据”界面(4)

图 7-32 “用户行为数据分析更新设置”对话框

“确定”按钮返回“公共数据”界面，如图 7-33 所示。

从图 7-33 中可以看出，在名为“用户行为数据分析”的文件夹中选择任何一张表时，都可以在右侧查看该表的数据。

上述更新操作只是临时生效。如果 HBase 中表的数据发生变化，那么用户将需要重复执行上述更新操作以获取最新数据。对于存储广告点击流实时统计结果的表“用户行为数据分析_adClick”来说，这种方式十分不便，因为该表中的数据是不断变化的。因此，下面我们将对表“用户行为数据分析_adClick”的更新操作进行单独设置，使其可以周期

图 7-33 “公共数据”界面(5)

性地通过 Phoenix 从 HBase 的表 adClick 获取数据。

(8) 在图 7-33 所示界面中,选择表“用户行为数据分析_adClick”并在右侧单击“更新信息”选项卡标签,如图 7-34 所示。

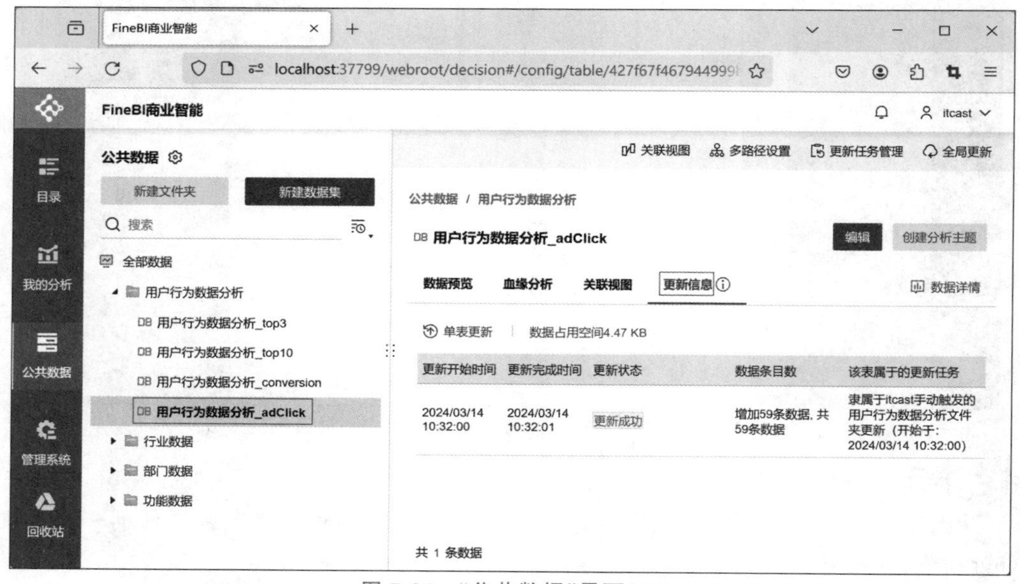

图 7-34 “公共数据”界面(6)

(9) 在图 7-34 所示界面中,单击“单表更新”选项进入“用户行为数据分析_adClick 更新设置”对话框,如图 7-35 所示。

(10) 在图 7-35 所示界面中,单击“定时设置”选项进入“定时更新”对话框。在该对

图 7-35　"用户行为数据分析_adClick 更新设置"对话框(1)

话框的"执行频率"下拉框中选择"简单重复执行",并指定每 5 分钟执行一次。在"开始时间"输入框中选择开始时间,该时间不得早于系统当前时间。"定时更新"对话框配置完成的效果如图 7-36 所示。

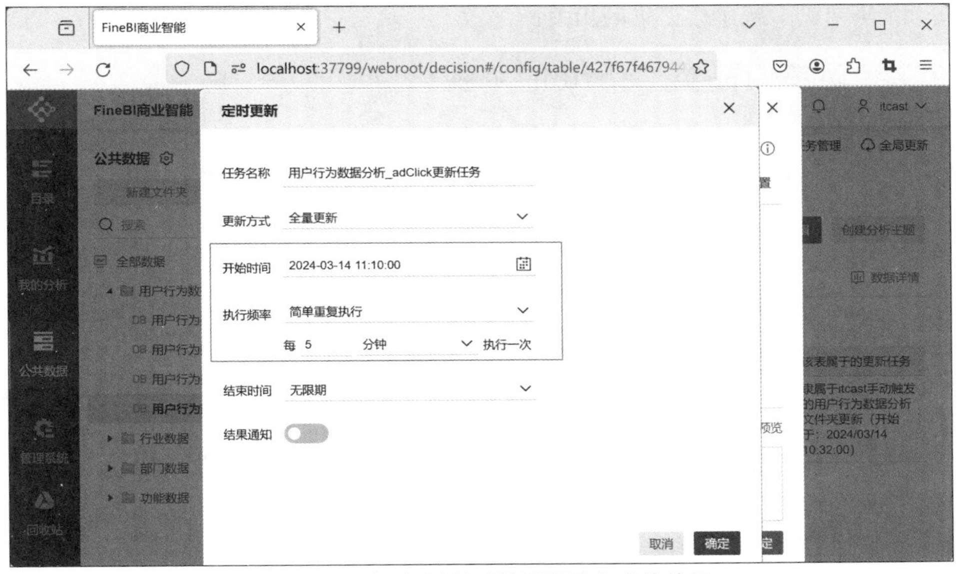

图 7-36　"定时更新"对话框配置完成的效果

用户可根据实际情况调整执行频率和开始时间。

(11) 在图 7-36 所示界面中,单击"确定"按钮。由于我们设置的执行频率较高,所以会弹出提示框提示每日更新将超过 10 次,会导致硬件资源浪费。这里为了便于后续直观地查看数据可视化的效果,我们直接在提示框中单击“确定设置”返回“用户行为数据分析_adClick 更新设置”对话框,如图 7-37 所示。

图 7-37　“用户行为数据分析_adClick 更新设置”对话框(2)

在图 7-37 所示界面中,用户可以通过“生效状态”开关来开启或关闭定时更新。在图 7-37 中单击“确定”按钮对“用户行为数据分析_adClick”表的更新操作的设置。

至此,便完成了新建数据集的相关操作。

7.3.2　实现热门品类 Top10 的可视化

利用 FineBI 中的多系列柱状图对热门品类 Top10 的分析结果进行可视化展示,以获取有关电商网站中排名前 10 的热门品类的分布情况,具体操作步骤如下。

1. 创建分析主题

分析主题是 FineBI 中用于进行数据分析与可视化的容器,所有关于数据分析和可视化的操作均在分析主题中进行。接下来,将演示如何在 FineBI 中创建分析主题,用于展示热门品类 Top10 的分析结果,具体操作步骤如下。

(1) 在 FineBI 平台的主界面单击“我的分析”选项进入“我的分析”界面,如图 7-38 所示。

(2) 在图 7-38 所示界面中,将鼠标指针移动至“全部分析”选项,单击该选项右侧显示的+按钮,在弹出的菜单中选择“文件夹”选项,创建用于存放本项目相关分析主题的文件夹,并重命名为“用户行为数据分析”,如图 7-39 所示。

(3) 在图 7-39 所示界面中,将鼠标指针移动至名为“用户行为数据分析”的文件夹,单击该文件夹右侧显示的+按钮,在弹出的菜单中选择“分析主题”选项,在名为“用户行为数据分析”的文件夹中新建分析主题。此时,浏览器会跳转到“分析主题”窗口,并弹出“选择数据”对话框,在该对话框中选择文件夹“用户行为数据分析”中的表“用户行为数据分析_top10”,指定当前分析主题使用的数据,如图 7-40 所示。

图 7-38 “我的分析”界面(1)

图 7-39 “我的分析”界面(2)

图 7-40 “选择数据”对话框

(4) 在图 7-40 所示界面中,单击“确定”按钮返回“分析主题”窗口,如图 7-41 所示。

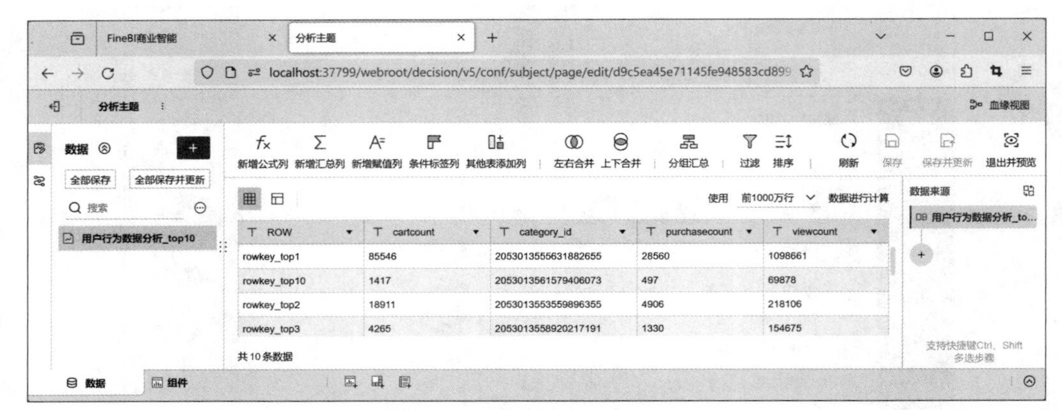

图 7-41　“分析主题”窗口(1)

(5) 在图 7-41 所示界面中,依次单击字段 cartcount、purchasecount 和 viewcount 左侧的 T 按钮,在弹出的菜单中选择“数值”选项,将这 3 个字段的数据类型修改为数值类型,如图 7-42 所示。

图 7-42　“分析主题”窗口(2)

在图 7-42 所示界面中,当字段 cartcount、purchasecount 和 viewcount 左侧的按钮变更为 # 时,表示这 3 个字段的数据类型为数值类型。在图 7-42 中,单击“保存并更新”按钮保存字段类型的修改。

(6) 这里为了区分不同分析主题的作用,将当前分析主题重命名为热门品类 Top10 可视化。在图 7-42 所示界面中,单击“分析主题”右侧的 ⋮ 按钮,在弹出的菜单选择“重命名”选项,将分析主题的名称修改为“热门品类 Top10 可视化”。此时,当前窗口的名称也会修改为“热门品类 Top10 可视化”,如图 7-43 所示。

至此,便完成了创建分析主题的操作。

小提示:

如果需要在关闭“热门品类 Top10 可视化”窗口后再次编辑名为“热门品类 Top10 可

图 7-43　“热门品类 Top10 可视化”窗口(1)

视化”的分析主题，那么可以在 FineBI 平台的主界面单击“我的分析”选项进入“我的分析”界面。在该界面中找到名为“用户行为数据分析”的文件夹。在该文件夹下选中名为“热门品类 Top10 可视化”的分析主题，并单击该分析主题右侧显示的 ⋮ 按钮，在弹出的菜单中选择“编辑”选项即可。

2. 添加组件

在分析主题中，通过添加不同类型的图表组件对数据进行可视化。在实现热门品类 Top10 的可视化时，需要在名为“热门品类 Top10 可视化”的分析主题中添加一个类型为多系列柱状图的图表组件，通过该组件实现热门品类 Top10 的可视化。

在“热门品类 Top10 可视化”窗口的底部单击“组件”选项卡标签，在该选项卡中选择“图表类型”部分的多系列柱状图选项，如图 7-44 所示。

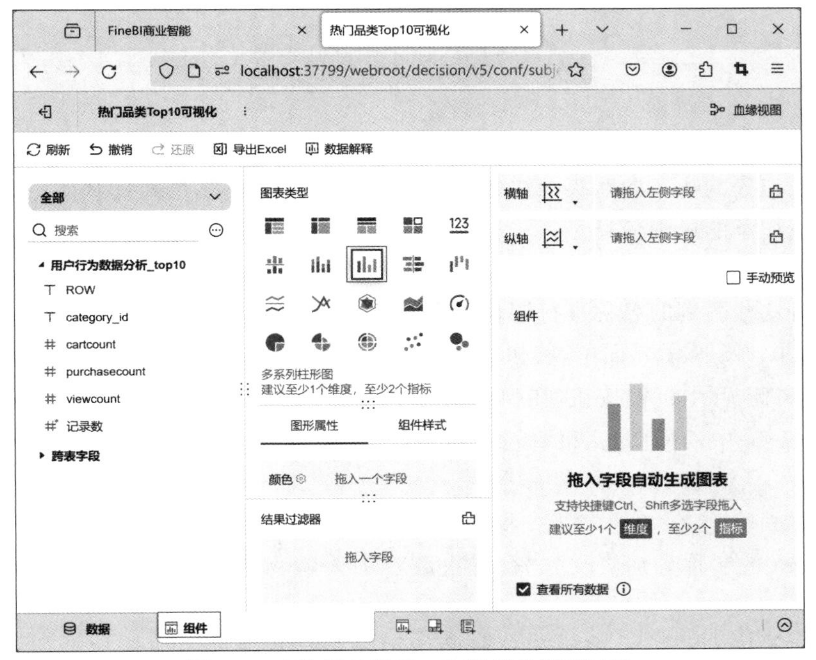

图 7-44　“热门品类 Top10 可视化”窗口(2)

至此,便完成了在名为热门品类 Top10 可视化的分析主题中添加组件的操作。

3. 配置组件

在分析主题中,配置组件的作用是将数据填充到相应的图表组件中,并修改图表组件的样式。在名为“热门品类 Top10 可视化”的分析主题中,配置类型为多系列柱状图的图表组件的操作步骤如下。

(1) 在“热门品类 Top10 可视化”窗口中,首先,将字段 category_id 拖动到“横轴”输入框。然后,依次将字段 viewcount、cartcount 和 purchasecount 拖动到“纵轴”输入框。最后,将“跨表字段”折叠框下的指标名称字段拖动到“颜色”输入框,如图 7-45 所示。

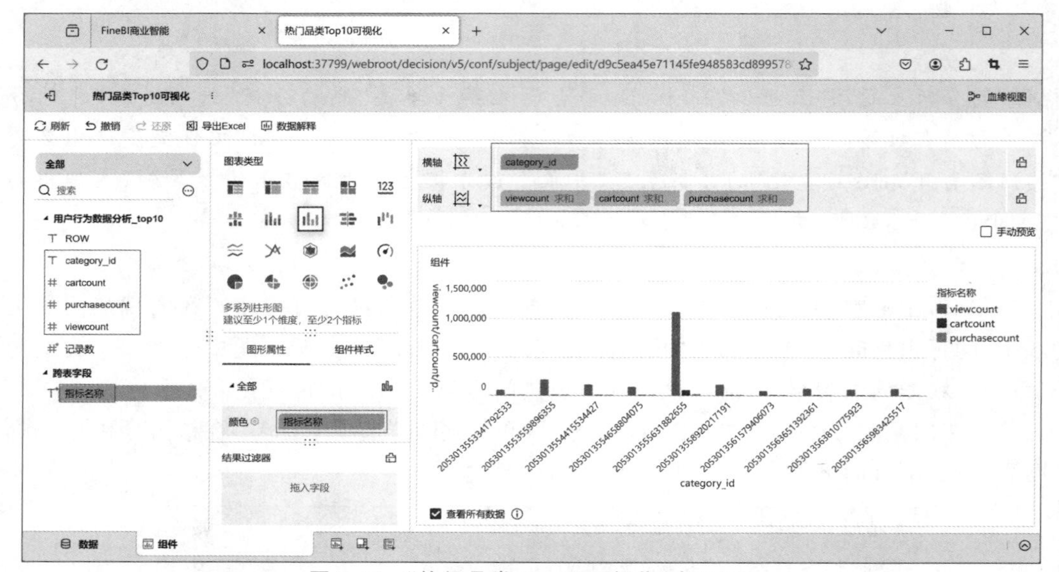

图 7-45　“热门品类 Top10 可视化”窗口(3)

从图 7-45 中可以看出,在“组件”部分的多系列柱状图中,展示了排名前 10 的品类中商品被查看、加入购物车和购买的次数。当鼠标指针移动至多系列柱状图中的任意柱条时,会显示该柱条的详细信息。

然而,图中所显示的一些图例为字段名称,这样的呈现方式可能不够直观易懂。因此,下面将对这些图例的名称进行调整以提升图表的可解释性。

(2) 在图 7-45 所示界面中,将鼠标指针移动到“横轴”输入框中的字段 category_id,单击该字段右侧显示的▼按钮,在弹出的菜单选择“设置显示名”选项,如图 7-46 所示。

完成图 7-46 中的操作后,将“横轴”输入框中字段 category_id 的名称修改为“品类唯一标识”。

(3) 参考步骤(2)的过程,将“纵轴”输入框中字段 viewcount、cartcount 和 purchasecount 的名称分别修改为“查看次数”“加入购物车次数”“购买次数”,如图 7-47 所示。

从图 7-47 中可以看出,多系列柱状图中图例的名称已经由字段名称修改为相应的描述。

图 7-46　“热门品类 Top10 可视化”窗口(4)

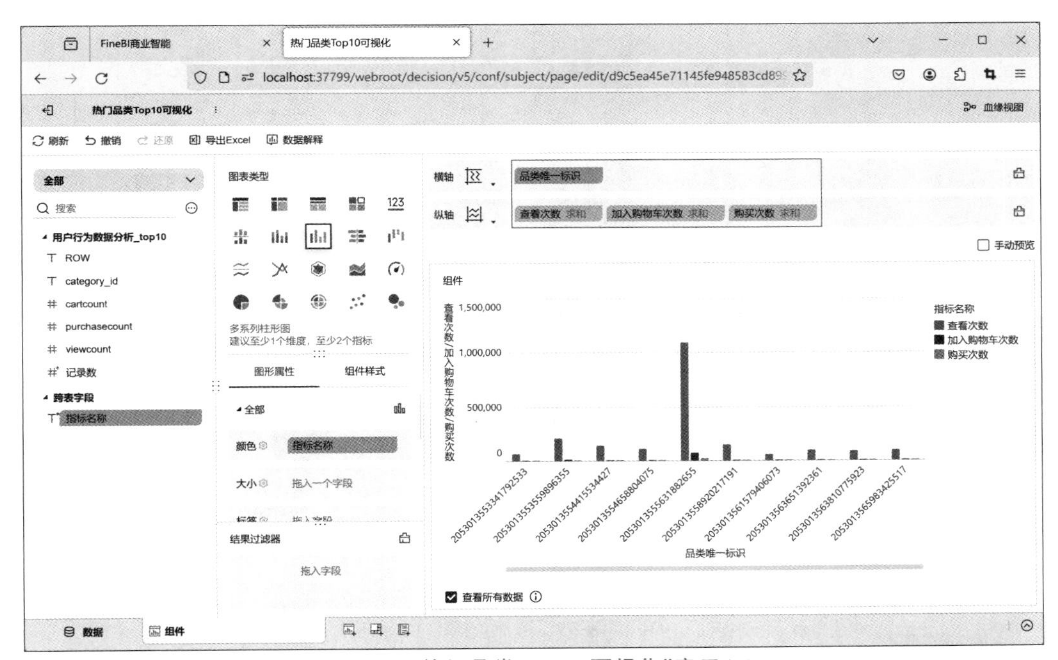

图 7-47　“热门品类 Top10 可视化”窗口(5)

至此，便完成了实现热门品类 Top10 的可视化的操作。

7.3.3　实现各区域热门商品 Top3 的可视化

利用 FineBI 中的堆积柱状图对各区域热门商品 Top3 的分析结果进行可视化展示，以获取有关电商网站中各区域排名前 3 的热门商品的分布情况，具体操作步骤如下。

1. 创建分析主题

为了区分用户行为数据不同分析结果的可视化效果，这里创建一个新的分析主题，用于展示各区域热门商品 Top3 的分析结果,具体操作步骤如下。

(1) 在"我的分析"界面中名为"用户行为数据分析"的文件夹下创建分析主题,指定该分析主题使用的数据为表"用户行为数据分析_top3",如图 7-48 所示。

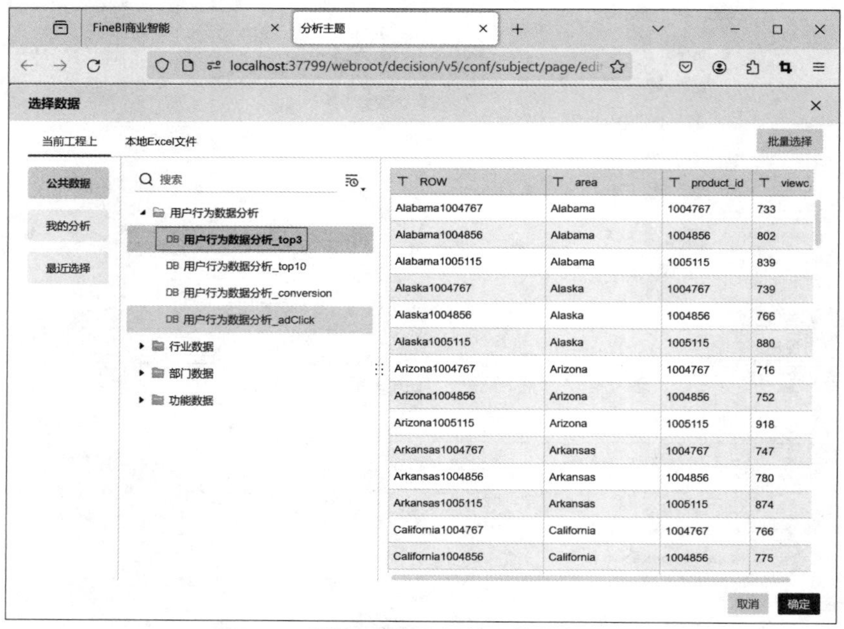

图 7-48　指定分析主题使用的数据(1)

(2) 在图 7-48 中,单击"确定"按钮返回"分析主题"窗口。在该窗口中单击字段 viewcount 左侧的 T 按钮,在弹出的菜单中选择"数值"选项,将该字段的数据类型修改为数值类型,如图 7-49 所示。

图 7-49　"分析主题"窗口(3)

在图 7-49 所示界面中，单击“保存并更新”按钮保存对字段 viewcount 的数据类型的修改。

(3) 在图 7-49 中，单击“分析主题”右侧的 ⋮ 按钮，在弹出的菜单选择“重命名”选项，将分析主题的名称修改为“各区域热门商品 Top3 可视化”。此时，当前窗口的名称也会修改为“各区域热门商品 Top3 可视化”，如图 7-50 所示。

图 7-50　“各区域热门商品 Top3 可视化”窗口(1)

至此，便完成了创建分析主题的操作。

2. 添加组件

在名为“各区域热门商品 Top3 可视化”的分析主题中添加一个类型为堆积柱状图的图表组件，通过该组件实现各区域热门商品 Top3 的可视化。在“各区域热门商品 Top3 可视化”窗口的底部单击“组件”选项卡标签，在该选项卡中选择“图表类型”部分的堆积柱状图选项，如图 7-51 所示。

图 7-51　“各区域热门商品 Top3 可视化”窗口(2)

至此,便完成了在名为“各区域热门商品 Top3 可视化”的分析主题中添加组件的操作。

3. 配置组件

在名为“各区域热门商品 Top3 可视化”的分析主题中,配置类型为堆积柱状图的图表组件的操作步骤如下。

(1) 在“各区域热门商品 Top3 可视化”窗口中,首先,将字段 area 拖动到“横轴”输入框;然后,将字段 viewcount 拖动到“纵轴”输入框;最后,将字段 product_id 拖动到“颜色”输入框,如图 7-52 所示。

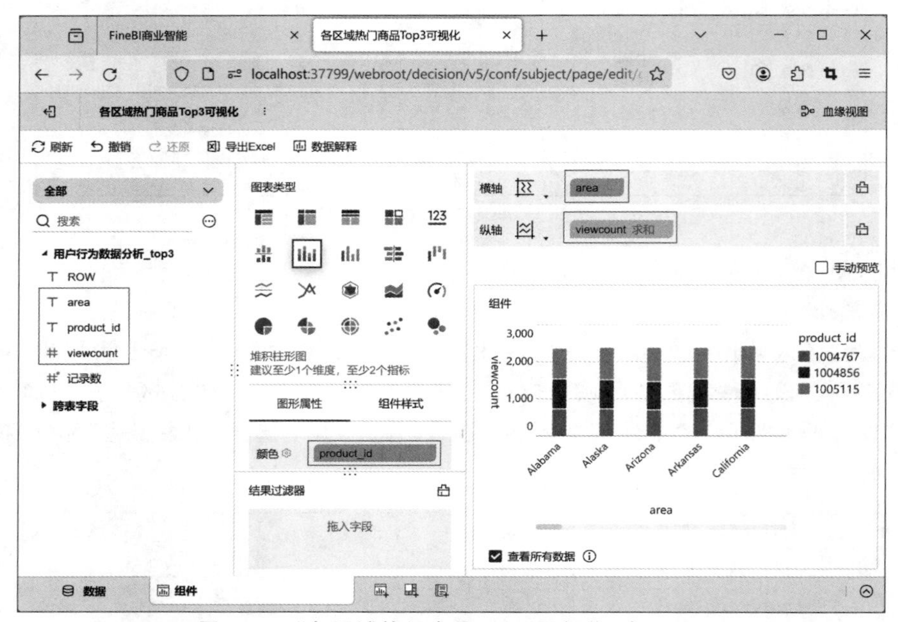

图 7-52 “各区域热门商品 Top3 可视化”窗口(3)

从图 7-52 中可以看出,在“组件”部分的堆积柱状图中展示了部分区域排名前 3 的商品被查看的次数,用户可通过拖动底部的滚动条来查看所有区域。当鼠标指针移动至堆积柱状图中的任意柱条时,会显示该柱条的详细信息。

(2) 在图 7-52 所示界面中,分别将“纵轴”“横轴”“颜色”输入框中字段 area、viewcount 和 product_id 的名称修改为“区域名称”“查看次数”“商品唯一标识”,如图 7-53 所示。

至此,便完成了实现各区域热门商品 Top3 的可视化的操作。

7.3.4 实现网站转化率的可视化

利用 FineBI 中的多系列柱状图对网站转化率的统计结果进行可视化展示,以获取有关电商网站中不同页面单向跳转的分布情况,具体操作步骤如下。

1. 创建分析主题

为了区分用户行为数据不同分析结果的可视化效果,这里创建一个新的分析主题,用

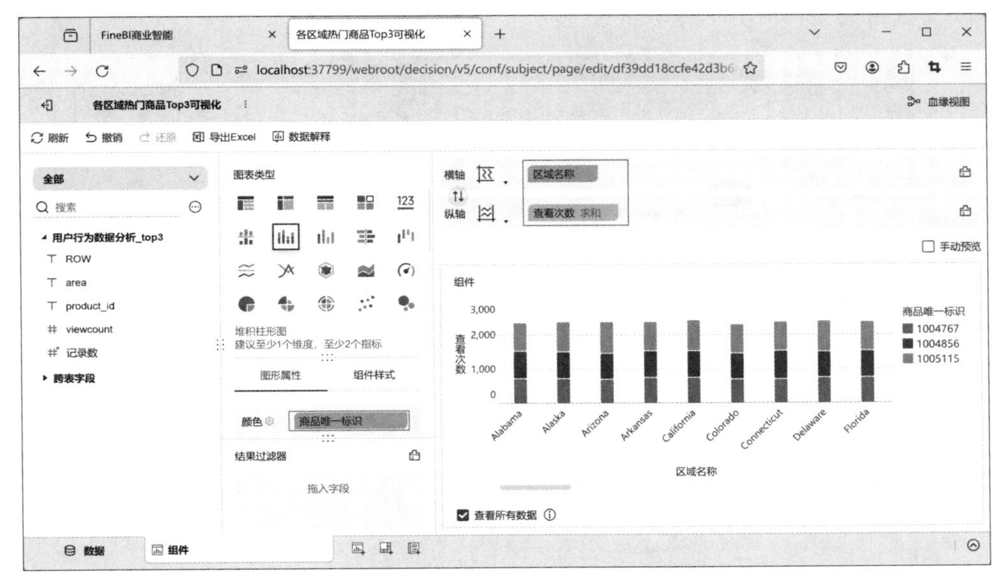

图 7-53　“各区域热门商品 Top3 可视化”窗口(4)

于展示网站转化率的统计结果，具体操作步骤如下。

(1) 在“我的分析”界面中名为“用户行为数据分析”的文件夹中创建分析主题，指定该分析主题使用的数据为表“用户行为数据分析_conversion”，如图 7-54 所示。

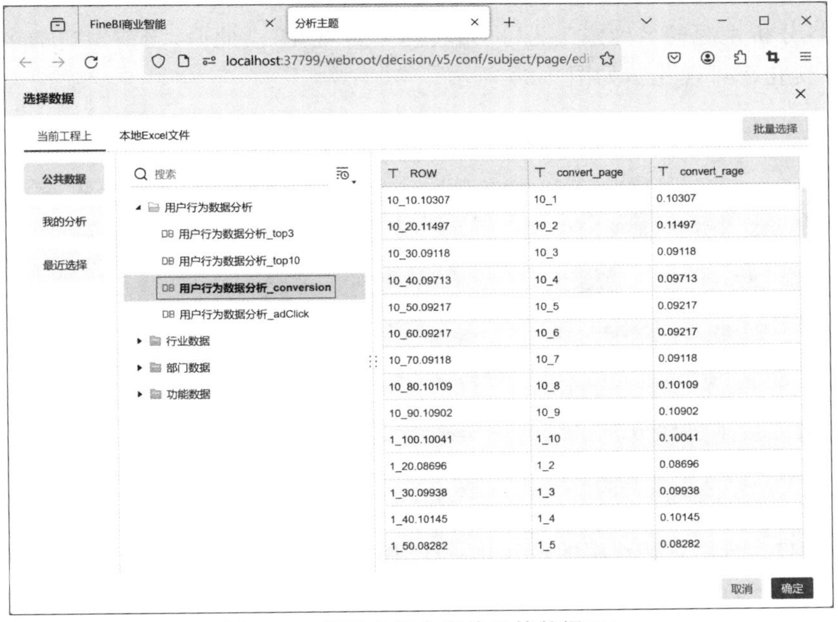

图 7-54　指定分析主题使用的数据(2)

(2) 在图 7-54 所示界面中，单击“确定”按钮返回“分析主题”窗口，在该窗口中单击字段 convert_rage 左侧的T按钮；在弹出的菜单中选择“数值”选项，将该字段的数据类型修改为数值类型，如图 7-55 所示。

图 7-55　“分析主题”窗口(4)

在图 7-55 所示界面中，单击“保存并更新”按钮保存对字段 convert_rage 的数据类型的修改。

(3) 在图 7-55 所示界面中，单击“分析主题”右侧的 ⋮ 按钮，在弹出的菜单选择“重命名”选项，将分析主题的名称修改为“网站转化率可视化”。此时，当前窗口的名称也会修改为“网站转化率可视化”，如图 7-56 所示。

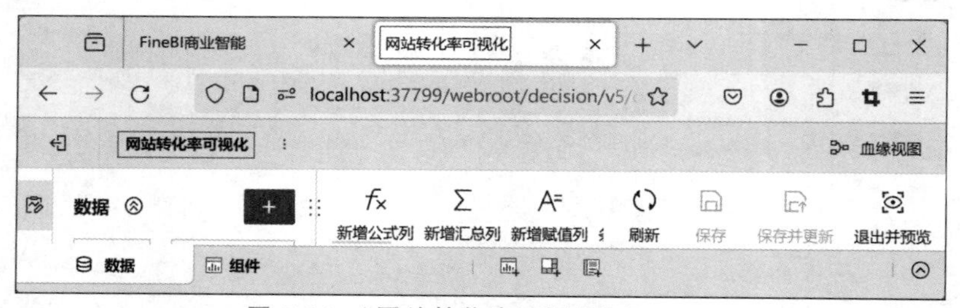

图 7-56　“网站转化率可视化”窗口(1)

至此，便完成了创建分析主题的操作。

2. 添加组件

在名为“网站转化率可视化”的分析主题中添加一个类型为多系列柱状图的图表组件，通过该组件实现网站转化率的可视化。在“网站转化率可视化”窗口的底部单击“组件”选项卡标签，在该选项卡中选择“图表类型”部分的多系列柱状图选项，如图 7-57 所示。

至此，便完成了在名为“网站转化率可视化”的分析主题中添加组件的操作。

3. 配置组件

在名为“网站转化率可视化”的分析主题中，配置类型为多系列柱状图的图表组件的操作步骤如下。

图 7-57　“网站转化率可视化”窗口(2)

(1) 在“网站转化率可视化”窗口中，首先，将字段 convert_page 拖动到“横轴”输入框。然后，将字段 convert_rage 拖动到“纵轴”输入框，如图 7-58 所示。

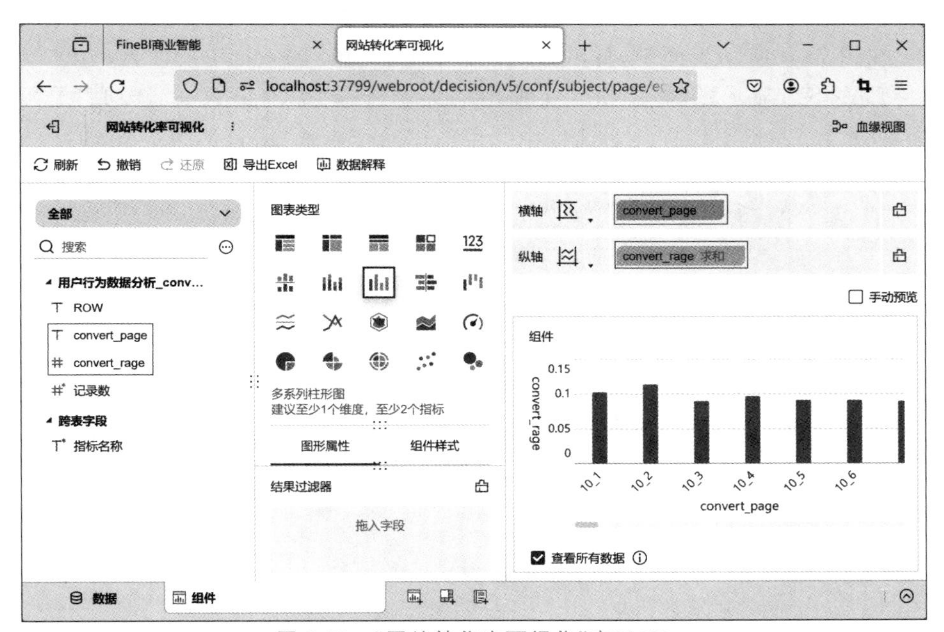

图 7-58　“网站转化率可视化”窗口(3)

从图 7-58 中可以看出，在“组件”部分的多系列柱状图中，展示了部分网站转化率的统计结果，用户可通过拖动底部的滚动条来查看所有统计结果。当鼠标指针移动至多系列柱状图中的任意柱条时，会显示该柱条的详细信息。

(2) 在图 7-58 所示界面中，分别将“纵轴”“横轴”输入框中字段 convert_page 和 convert_rage 的名称修改为“页面的单向跳转”和“转化率”，如图 7-59 所示。

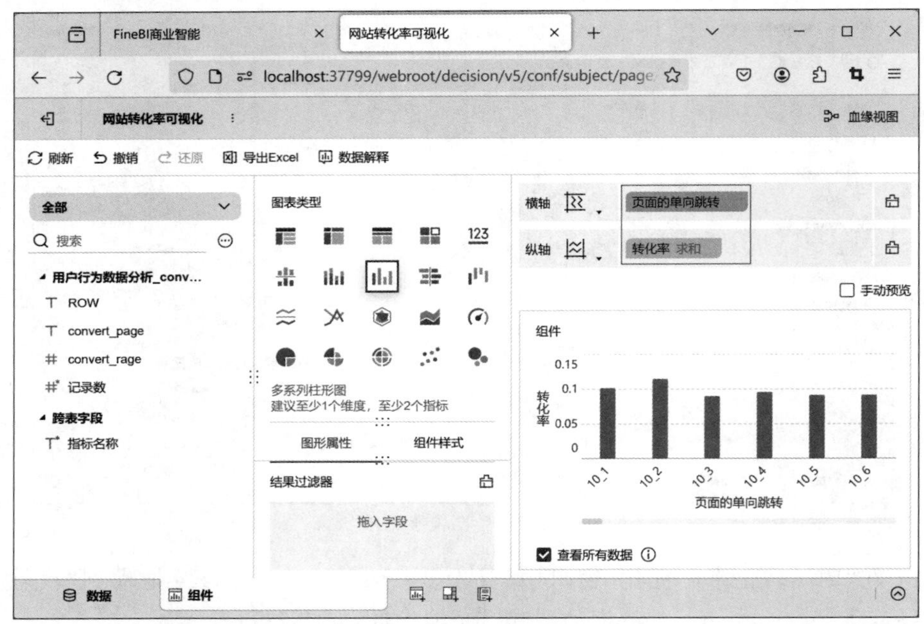

图 7-59　“网站转化率可视化”窗口(4)

(3) 在图 7-59 所示界面中，将鼠标指针移动到“纵轴”输入框中的字段 convert_rage，单击该字段右下方显示的▼按钮。在弹出的菜单选择“数值格式...”选项打开“数值格式-转化率(求和)”对话框，在该对话框中选中“百分比”单选按钮，如图 7-60 所示。

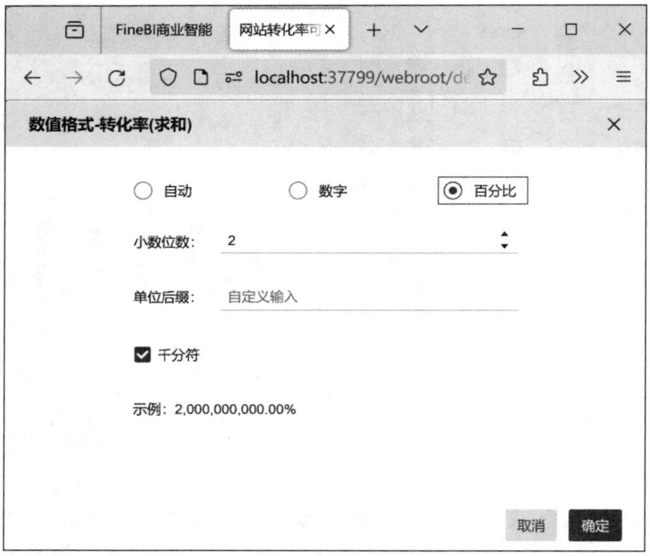

图 7-60　“数值格式-转化率(求和)”对话框

(4) 在图7-60所示界面中,单击"确定"按钮将字段 convert_rage 的值调整为百分比的格式,如图7-61所示。

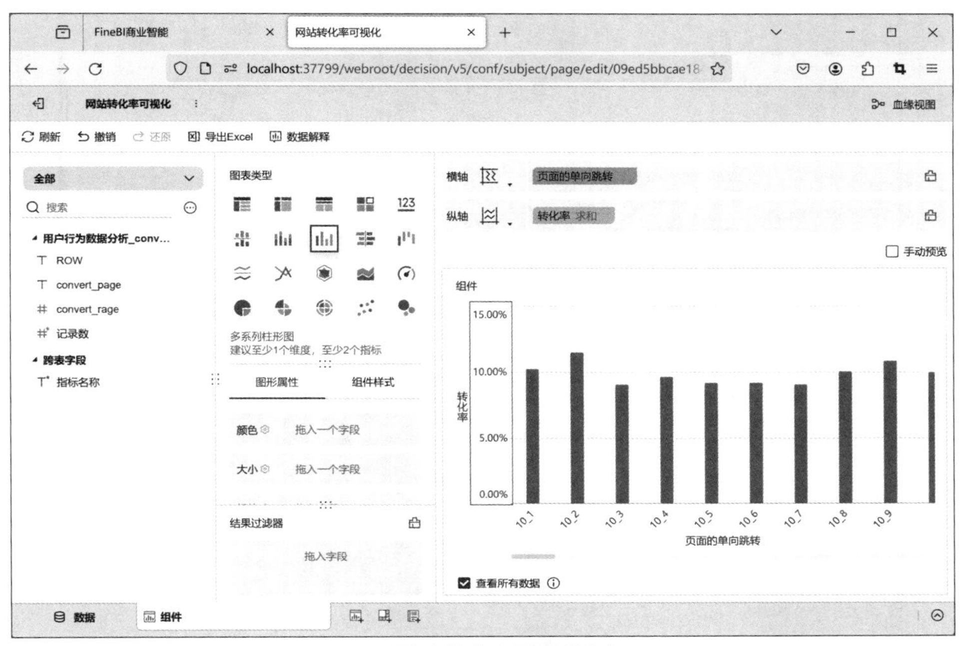

图7-61 "网站转化率可视化"窗口(5)

至此,便完成了实现网站转化率的可视化。

7.3.5 实现广告点击流实时统计的可视化

利用 FineBI 中的堆积柱状图对广告点击流实时统计的结果进行可视化展示,以获取有关电商网站中各区域用户点击广告的分布情况,具体操作步骤如下。

1. 创建分析主题

为了区分用户行为数据不同分析结果的可视化效果,这里创建一个新的分析主题,用于展示广告点击流实时统计的结果,具体操作步骤如下。

(1) 在"我的分析"界面中名为"用户行为数据分析"的文件夹中创建分析主题,指定该分析主题使用的数据为表"用户行为数据分析_adClick",如图7-62所示。

(2) 在图7-62所示界面中,单击"确定"按钮返回"分析主题"窗口。在该窗口中单击字段 ad_count 左侧的T按钮,在弹出的菜单中选择"数值"选项,将该字段的数据类型修改为数值类型,如图7-63所示。

在图7-63所示界面中,单击"保存并更新"按钮保存对字段 ad_count 的数据类型的修改。

(3) 在图7-63中,单击"分析主题"右侧的⋮按钮,在弹出的菜单中选择"重命名"选项,将分析主题的名称修改为"广告点击流可视化"。此时,当前窗口的名称也会修改为"广告点击流可视化",如图7-64所示。

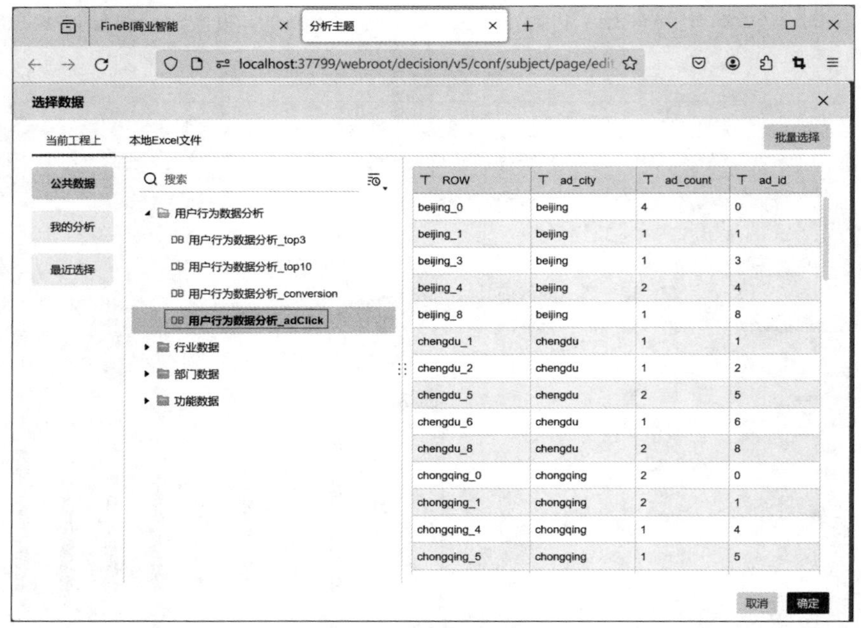

图 7-62　指定分析主题使用的数据(3)

图 7-63　“分析主题”窗口(5)

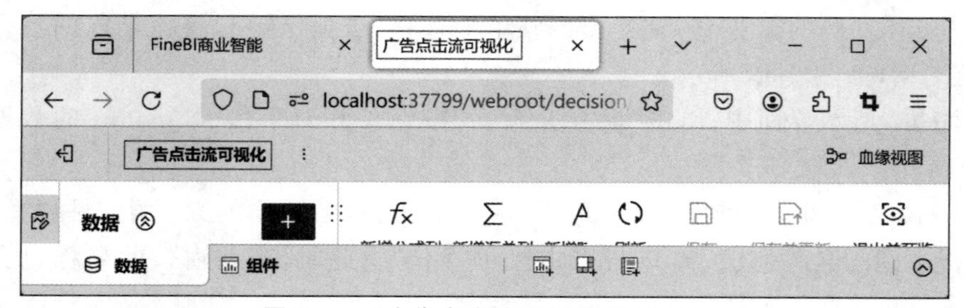

图 7-64　“广告点击流可视化”窗口(1)

至此，便完成了创建分析主题的操作。

2. 添加组件

在名为“广告点击流可视化”的分析主题中添加一个类型为堆积柱状图的图表组件，通过该组件实现广告点击流实时统计的可视化。在“广告点击流可视化”窗口的底部单击“组件”选项卡标签，在该选项卡中选择“图表类型”部分的堆积柱状图选项，如图 7-65 所示。

图 7-65　“广告点击流可视化”窗口(2)

至此，便完成了在名为“广告点击流可视化”的分析主题中添加组件的操作。

3. 配置组件

在名为“广告点击流可视化”的分析主题中，配置类型为堆积柱状图的图表组件的操作步骤如下。

(1) 在“广告点击流可视化”窗口中，首先，将字段 ad_city 拖动到“横轴”输入框。然后，将字段 ad_count 拖动到“纵轴”输入框。最后，将字段 ad_id 拖动到“颜色”输入框，如图 7-66 所示。

从图 7-66 中可以看出，在“组件”部分的堆积柱状图中，展示了部分城市的广告点击流实时统计结果，用户可通过拖动底部的滚动条来查看所有统计结果。当鼠标指针移动至堆积柱状图中的任意柱条时，会显示该柱条的详细信息。

(2) 在虚拟机 Spark01、Spark02 和 Spark03 中启动 Kafka 集群，并且参照 6.5 节的内容在虚拟机 Spark01 中运行生成用户行为数据的 Kafka 生产者和广告点击流实时统计的 Spark 程序。待这两个程序运行一段时间后，再次查看“广告点击流可视化”窗口，如图 7-67 所示。

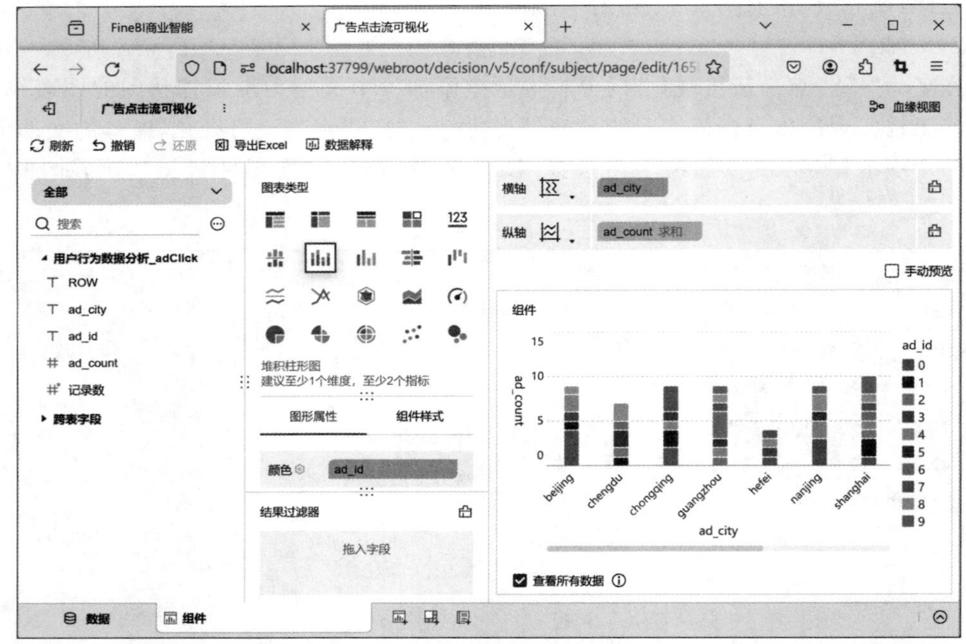

图 7-66　“广告点击流可视化”窗口(3)

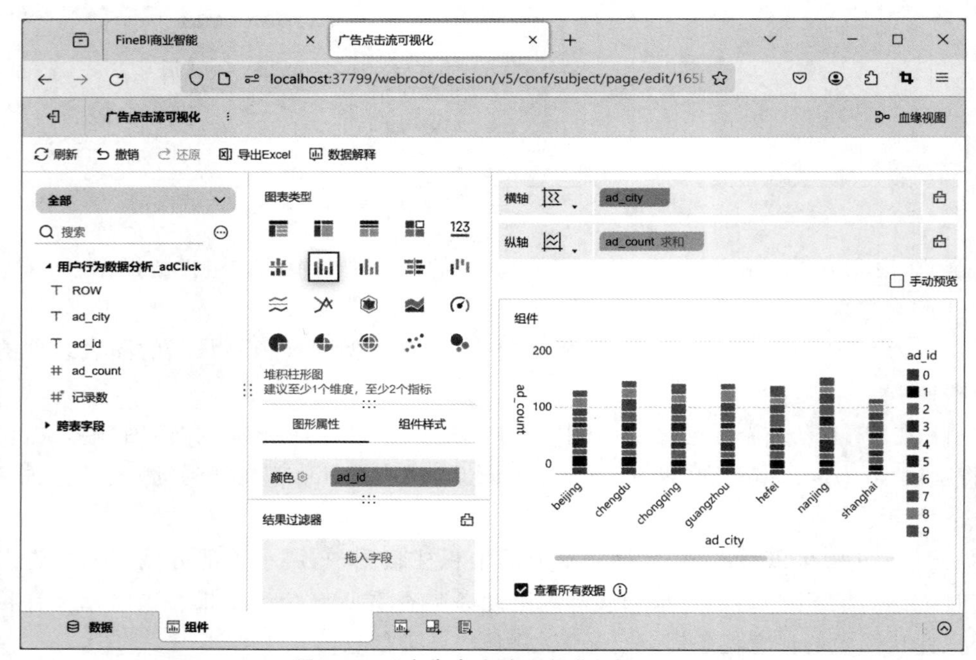

图 7-67　“广告点击流可视化”窗口(4)

从图 7-67 中可以看出，各城市广告点击流实时统计的结果已经发生了变化。需要说明的是，“广告点击流可视化”窗口中数据的变化速度，取决于表“用户行为数据分析_adClick”设置的定时更新的执行频率。

（3）在图 7-67 所示界面中，分别将“横轴”“纵轴”“颜色”输入框中字段 ad_city、ad_count 和 ad_id 的名称修改为“城市”“点击次数”“广告唯一标识”，如图 7-68 所示。

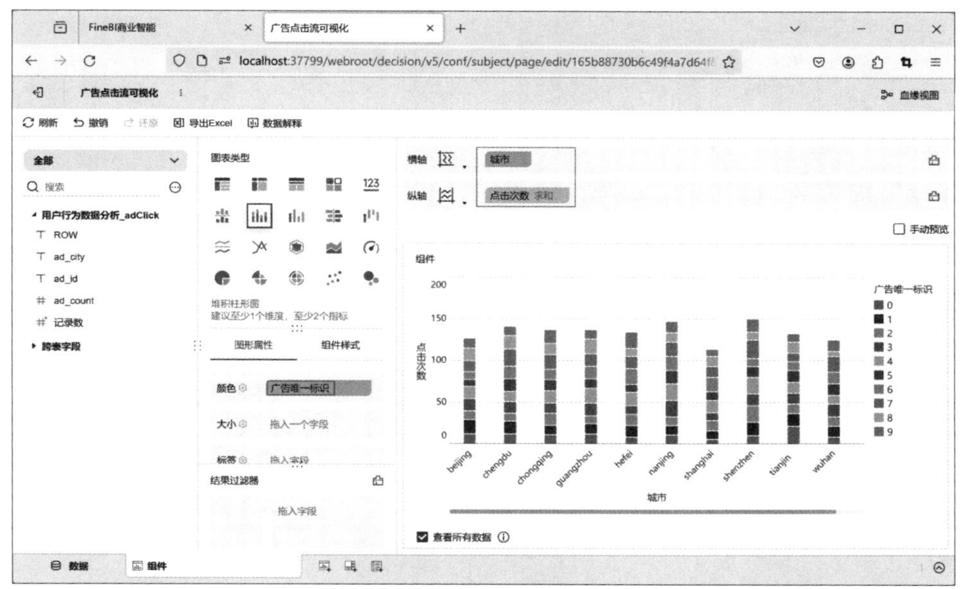

图 7-68 “广告点击流可视化”窗口（5）

至此，便完成了实现广告点击流实时统计的可视化。

7.4 本章小结

本章主要讲解了数据可视化。首先，讲解了数据映射，包括部署 Phoenix 和建立映射。然后，讲解了 FineBI 的安装与配置。最后，讲解了如何实现数据可视化，包括实现热门品类 Top10 的可视化、实现各区域热门商品 Top3 的可视化等。通过本章的学习，用户可以熟悉通过 Phoenix 从 HBase 获取数据，并且使用 FineBI 进行数据可视化。